二漁文化

魅力異國醬料

醬妙

吳文智、趙家緯　著

目錄contents

 日式 · 韓式 · 東南亞

義 · 墨 · 歐式

基本動作看這裡

輕鬆做出異國好滋味

　　文智、家緯是我多年的好友、也是我在西式料理領域的導師，我從他們身上可以感受到廚師的廚魂和追求廚藝新知的渴望，每每在廚藝上有任何創意的構想和創新的料理，一定會來找我討論和鑽研，雙方激盪出來的火花常常令對方拍案叫絕！

　　他們兩位都是不藏私的名廚，這一次教大家用最簡單的方法、最輕鬆的心情一次學會日式、東南亞式、義式、墨式、歐式等異國風味醬汁。我認為一道好的料理要兼具色、香、味、形，從食材的適時適地選用、刀工、火候、時間的掌控到擺盤設計等，醬汁的適性運用更是美味的魔法師，更可以營造出多層次的味蕾感動。

　　我們經常代表臺灣，帶領全臺各地的名廚到美國、日本、北京、南京、香港、新加坡、韓國、法國、德國、馬來西亞、澳門等世界各地推廣臺灣美食，因此文智他們十分熟悉各地的飲食文化和料理秘訣，尤其是秘製的料理醬汁，更是讓餐桌前的外國賓客們讚嘆不已！

　　很高興今天有一本餐飲力作《醬醬好——魅力異國醬料》出版，我想忙碌的上班族、第一次做菜的廚房新手、隻身外宿的遊子，特別是辛苦的家庭主婦，都將是這本書的受惠者。我更希望本書的讀者們都能用心學、動手做，以異國風味醬汁搭配多道經典料理為學習基礎，在家可以用簡單的器具與輕鬆的烹調方法就可以做出滿滿一桌異國風味的道地佳餚，自己也能輕鬆享受做菜無窮變化的樂趣。

〖本文作者為中華美食交流協會理事長〗

祝福與期待

陳兆麟

回想起我與文智初次見面，他給我的第一印象，就是留有一頭烏黑亮麗的長髮，像是一位藝術家。但是跟他漸漸熟識後，我才知道，原來我們都是宜蘭人，而且還是鄰居，更重要的是，我們還有共同的興趣，就是喜歡「美食」。這些關係讓我們彼此更加了解對方。

醬汁是美食的靈魂和藝術的延伸，提煉好醬汁是需要長時間的經驗累積及不斷磨鍊。此書將醬汁製作以圖文並茂的方式呈現，並搭配食材應用，讓製作出來的醬汁將食材原味再提昇。

最後也要感謝文智兄與家緯兄兩位大師的邀請，能為此書寫推薦序，感到無比的光榮，更高興能看到有這麼好的題材，搭配兩位大師的智慧與經驗，讓餐飲業界的先進及餐飲科系的學生們，能夠從中學到更多，進而激盪出新的創意，也祝福新書大賣，並帶動餐飲業更上一層樓。

謝謝兩位大師的智慧。

〖本文作者為中華美食交流協會副理事長〗

醬汁的世界　菜餚的靈魂

「醬汁」是一道菜餚的靈魂，它決定菜餚的美味與可口。食安問題如潮浪般一波接著一波，讓許多外食族憂心及恐懼，能讓大眾能夠吃得安心、健康的唯一辦法就是自己動手做。

本書以醬汁搭配家常菜為主，其醬汁種類包括：西式、日式、臺式、美式、泰式、韓式等，多元化的選擇，為了讓一般民眾在自己家庭中能夠享用到五星級異國料理、飲食生活更加有變化，希望能將醬汁與菜餚使用普及並融入一般生活家庭裡。

本書能順利完成，首先要感謝中華美食交流協會施理事長建發及陳副理事長兆麟及我的子弟兵們立勳、翰宣、宗諺、辰祐及二魚文化的編輯小燕、攝影師阿和，有你們的協助，才能讓這本書順利完成。最後要感謝此次合作的趙師傅家緯，將本書的內容變得更充實及有內涵。

本書目的是讓家庭主婦、餐飲業者或是未來想從事廚藝莘莘學子能夠了解各種醬汁的精隨，輕鬆掌握醬汁及料理重點，希望經由本書互相學習，激發更多創造力，為下一代奉獻心力。

更豐富有層次的味道

　　年經的時候因為喜歡吃美食，投入了廚師這個行業，過程中從學習、模仿、到擁有自己獨特的料理方式，專注於法、義、歐陸料理已有二十餘年，在工作休假之餘最喜歡的就是到學校授課，教導學生烹飪、品嘗美食所帶來的喜悅，其中得到最大的成就感就是能以最直接易懂的方式授於別人。本著如此的初衷，承蒙二魚文化出版社的抬愛，能有機會藉此本著作，讓喜愛烹飪的大眾能更容易也更直接學會並享受異國醬汁所帶來的料理變化。

　　料理的靈魂在於醬汁，它可以使食物的味道變得更豐富更有層次；醬汁的製作可以是當季的水果或是特殊的調味料、香料、香草……等等；而醬汁的入菜烹調方式可以是淋醬、拌炒、焗烤、燉煮，在此本書中都有詳細的圖片及製作方式，相信能藉此達到「高級料理，家裡輕鬆做」的目的。

　　最後，特別提到現今的料理首重「形、器、物」的搭配，不論在器皿的挑選、食材的特色、內容物擺盤型態，都必須融合，讓視覺、味覺整合為一體，達到符合現代的料理美學，希望藉由此著作能給各位讀者同樣的感觀。

「新臺灣料理」創意廚師

現任稻江科技暨管理學院餐旅管理系的副教授、新天地餐飲集團的技術顧問、臺灣美食展籌備委員、桃園育達高中專業顧問、蘭陽美食交流協會技術顧問、中華美食交流協會常務理事。

從西餐跨越中餐，融合中、日、法，呈現兼容並蓄的創新料理精神，擅長做出「新臺灣料理」。

著有《道地的日本家常菜》、《廚神的開胃菜》、《250道小菜吃上癮》、《哈日瘋250道》、《烏魚子創意料理》、《鱻鮮養生料理》、《新式開胃菜》、《紅海的傳奇——藍鑽蝦》、《健康素　安心炒》。

2002 中國大陸首屆全國電視烹飪大賽——金牌獎
2003 中華美食展廚藝世界賽——金鼎獎
2004 新加坡國際中餐筵席爭霸賽——特金牌
2004 中國烹飪世界大賽——展示檯金獎
2005 中華美食展廚藝世界賽——銀鼎獎
2008 中國烹飪世界大賽——展示檯金獎
2009 交通部觀光局頒發——熱心觀光個人獎
2010 行政院藥物管理局頒發——優良廚師
2010 韓國國際養生料理大賽——個人賽金牌
2011 海峽兩岸烹飪邀請賽——個人最佳廚藝獎
中華民國西餐烹調丙級技術士監評人員
中華民國中餐烹調乙級技術士
中華民國西餐烹調丙級技術士
中餐烹飪技術比賽國際評委
中國高級烹飪技術士

願做新星的推手

擅長中、西餐及素食料裡。工作之餘最愛的是分享廚藝，教授烹調技藝。現任臺中法式餐廳主廚、員林中州科技大學兼任助理教授、員林達德商德商工兼任專技老師、臺中明德女中兼任專技老師、臺中僑泰高中社團指導老師、臺中中山醫學大學教育推廣廚藝老師、臺中中國醫藥大學教育推廣廚藝老師、嘉義大同技術學院兼任講師、臺中明台高中社團指導老師、草屯同德家商兼任專技老師。

臺中樸儷花園餐廳主廚、新天地餐飲集團十大名廚、臺中天母盛鑫法式餐廳主廚、臺中法森小館法式餐廳冷區主廚、臺北拱門法式餐廳副主廚、臺北葛瑞絲西餐廳副主廚、臺北凱悅大飯店寶艾廳廚師。著有《健康素　安心炒》。

2003 年中華臺北美食展廚藝世界賽 (金牌)
2004 年第五屆中國世界烹飪大賽 (金牌)
2004 年第五屆中國世界烹飪大賽美食展臺 (金牌)
2004 年第五屆中國世界烹飪大賽中華美食交流協會 B 隊團體 (金牌)
2004 年第五屆中國世界烹飪大賽展臺最佳設計創意 (金牌)
2004 年第五屆中國世界烹飪大賽個人熱菜 (銀牌)
2008 ～ 2011 年中華臺北美食展規劃籌備委員
中華民國西餐烹調丙級技術士
中華民國中餐烹調乙級技術士
中華民國中餐素食烹調乙級技術士
HAC.C.P 食品衛生安全管制系統 A、B 班證書

作者介紹

" 日式・韓式・東南亞 "

和風胡麻特調醬

和風香柚油醋醬

日式炸物特調醬

日式干邑雲丹海膽醬

日式白醬油冷麵醬

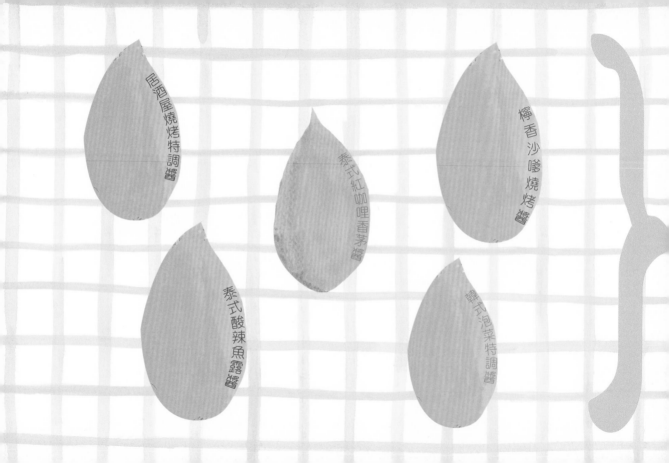

居酒屋燒烤特調醬

泰式紅咖哩香茅醬

檸香沙嗲燒烤醬

泰式酸辣魚露醬

韓式泡菜特調醬

和風胡麻特調醬

日式和風醬的風味，跳脫傳統生菜沙拉的印象，調和濃郁香醇的日式胡麻醬，搭配麵食、蔬菜、海鮮等，都更恰當滿分；在冷食、熱食運用上，皆能烹調出別具特色的美食佳餚。

適合料理·**蔬菜、海鮮**　烹調方式·**涼拌、淋醬**　保存期限·**冷藏保存為 5 天**　份量·**880 公克**

材料	調味料
A　蘋果 5 顆	**A**　昆布高湯 80 公克、橄欖油 60 公克、日式胡麻醬 200 公克、白菊醋 80 公克、味醂 70 公克、細砂糖 50 公克、鹽 6 公克、白胡椒粉 6 公克、芥末籽醬 40 公克、薄口醬油 70 公克

作法

1　蘋果去皮及核，磨成泥，再將蘋果肉泥過濾後，取蘋果汁備用。

2　將所有調味料倒入鍋中，攪拌均勻，開小火，邊加熱邊攪拌至呈濃稠狀即可。

Chef's Tips

烹製完成後，可加入適量熟芝麻粒，以增口感及香氣。

日式胡麻醬與臺式胡麻醬之差別，在於日式多以脫殼芝麻仁冷榨方式製造，臺式傳統以帶殼芝麻磨製。因此日式較無苦味且香醇，臺式略苦澀。

若選用臺式胡麻醬，可以加入美奶滋，中和其苦澀味，並成為其甜分的來源之一。

白菊醋與臺灣白醋之差別，白菊醋氣味較清淡且酸度較不強烈，可以臺灣糯米醋替代。

蘋果可以使用榨汁機，與磨製成泥狀再擠汁相比，榨出的汁較多。選擇榨汁時，蘋果的數量可減少至 3 顆；果汁機與榨汁機的效果相同，但可加入少許的水、檸檬汁，防止蘋果汁氧化。

和風胡麻特調醬焗烤綠竹筍

份量　4 人份

材料

A 　綠竹筍 600 公克
　　米 30 公克

B 　蛋黃 2 顆

調味料

A 　和風胡麻特調醬 200 公克

作法

1 綠竹筍洗淨；準備一鍋冷水，加入綠竹筍、米，以中小火煮約 40 分鐘至熟，取出後放涼備用。

2 將放涼的綠竹筍，一開二後去除底層的殼，一半切成滾刀塊，另一半用刀尖將筍肉取下，留外殼當容器盛裝備用。

3 和風胡麻特調醬、蛋黃混合攪拌均勻備用。

4 將綠竹筍與作法 3 的和風胡麻特調蛋醬攪拌均勻，盛入
作法 2 筍盅，放入烤箱，以 180℃烤約 5 分鐘至表面上
色即可。

> **Chef's Tips**
>
> 加入蛋黃，可讓烤過的食材味道較香濃、
> 色澤也較漂亮。
>
> 綠竹筍盛產於 5 ～ 8 月，若非產季，可用
> 其他當季筍類替代。綠竹筍剝殼後也可以
> 涼拌方式食用，是炎熱夏季的沁涼料理。
>
> 在煮竹筍時，可以加入昆布等海藻類或米
> 一起烹煮。其一利用海藻內褐藻酸將竹筍
> 纖維軟化的原理；其二運用米的澱粉粒子
> 包覆竹筍外殼，防止氧化，米中的鈣與草
> 酸結合，可去除竹筍的澀味。

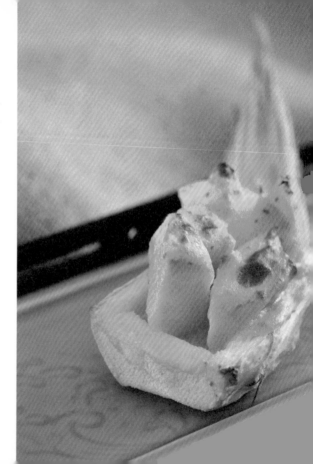

和風胡麻特調醬脆瓜蕎麥麵

份量　4 人份

材料

A　蕎麥麵 240 公克

B　小黃瓜 240 公克、蔥 10 公克、
　　海苔絲 4 公克

調味料

A　和風胡麻特調醬 130 公克

B　鹽 40 公克

C　薄口醬油 27 公克、白菊醋 2,000 公克、水 70 公克、
　　冰糖 45 公克

作法

1　準備一鍋加入少許鹽的水，加熱至滾，放入蕎麥麵，中大火煮約 45 秒，倒入 150C.C. 的水，轉中小火煮至滾，
　撈出蕎麥麵，冰鎮備用。

2　小黃瓜洗淨切小塊，加入調味料 B 抓拌，使小黃瓜脫水。用冷開水將多餘的鹽分洗去，擦乾後備用。

3 調味料 C 加熱至滾，放入小黃瓜，轉小火煮約 5 分鐘，
   隔冰水冰鎮，涼後待約 1 小時即為脆瓜。

4 蔥切成蔥花，稍微過水，將辛辣味稍微去除，擦乾備用。

5 將蕎麥麵、60 公克脆瓜與和風胡麻特調醬拌勻，盛盤，
   以蔥花、海苔絲點綴即可。

Chef's Tips

若沒有蕎麥麵，可使用日式其他涼麵或中
式油麵取代，取得容易且也適合此醬。

製作完成後可以撒上熟芝麻點綴，或拌入
磨碎的熟芝麻粒，以增加氣味。

如果不喜歡吃冷麵口感，可以用熱拌麵的
方式做烹調及食用。

製作脆瓜時，白菊醋最後加入，不然烹煮
過久醋味會跑掉。

烤時蔬淋和風胡麻特調醬

份量　4 人份

材料	調味料
A　紅甜椒 180 公克、蘆筍 70 公克、 黃節瓜 160 公克、 白花椰菜 400 公克	**A**　和風胡麻特調醬 450 公克 **B**　鹽 30 公克、白胡椒粉 8 公克、沙拉油 30 公克

作法

1　紅甜椒一開二後，去籽切成三角片；蘆筍削去尾端與外皮，切斜段；黃節瓜切滾刀塊；白花椰菜削去皮，切小朵。

2　準備一鍋滾水，加入 25 公克鹽、5 公克沙拉油，將所有材料略汆燙至熟，取出冰鎮。

3　將所有材料、鹽、胡椒、沙拉油略拌勻後,放入烤箱
　　160℃,烤約 10 分鐘至上色即可。

4　盛盤淋上和風胡麻醬即完成。

> ●
> ●
> ● Chef's Tips
>
> 蔬菜運用較廣,不侷限於以上的蔬菜,可
> 以當季時蔬作替換,如果選用到根莖類的
> 蔬菜(紅蘿蔔、地瓜……等)汆燙時間需
> 要加長。
>
> 此道菜也可以搭配禽肉類、海鮮,口感更
> 為多樣。
>
> 可做溫沙拉,也可以熱菜回鍋中稍微加熱
> 做呈現。

日式干邑雲丹海膽醬

加入了干邑白蘭地、美奶滋,有別於市面上販售的雲丹醬,不僅增加其色澤、甜度,在香氣上更增添了獨特酒香;再與食材的搭配,能夠將鮮甜融合得恰到好處。

適合料理·肉類、海鮮　烹調方式·沾醬、淋醬　保存期限·冷藏保存為 3 天　份量·400 公克

材料

A　干邑白蘭地 30C.C.、雲丹醬 260 公克、美奶滋 130 公克

作法

1　干邑白蘭地加熱至滾後轉小火,濃縮至將酒精揮發掉,放涼備用。

2　將雲丹醬與干邑白蘭地攪拌均勻,再加入美奶滋,攪拌均勻即完成。

:
: Chef's Tips
:

臺式美奶滋偏甜。美式、日式美奶滋偏鹹,可以加入少許糖,較不會使醬汁過鹹。美奶滋可依個人喜好斟酌加入。

若買不到干邑白蘭地,可以用白蘭地或清酒取代,清酒用量就要增加至 50C.C.。

酥炸軟殼蟹佐日式干邑雲丹海膽醬

份量　4 人份

材料	調味料
A　軟殼蟹 350 公克	**A**　日式干邑雲丹海膽醬 80 公克
B　紫洋蔥 80 公克、洋蔥 80 公克、蘿蔓生菜 120 公克、茗荷 60 公克、青紫蘇葉 8 片	**B**　牛奶 350 公克、上新粉 60 公克

作法

1　軟殼蟹剪去腮、腹甲，頭部剪開將氣囊取出，泡入牛奶約 1 小時，取出後以清水洗淨，擦乾備用。

2　紫洋蔥、洋蔥切細絲，過水後將辛辣味去除，瀝乾水分；蘿蔓生菜切細絲；茗荷切去蒂頭，對開後直切成絲；青紫蘇葉去梗切絲，備用。

3　蘿蔓生菜切絲，泡入冰水冰鎮 20 分鐘，取出擦乾水分。

4　軟殼蟹均勻沾上薄薄一層上新粉，放入已加熱至 170℃
　　的油鍋，炸至軟殼蟹呈金黃色即可撈出瀝乾油分。

5　取一平盤，生菜絲鋪底，擺上軟殼蟹，食用時沾日式干
　　邑雲丹海膽醬即完成。

:
: Chef's Tips
:

處理軟殼蟹時，確實將氣囊去除，浸泡於
牛奶後取出清洗，擦拭掉多餘的水分，也
可輕壓擦拭，可避免油炸過程中產生油
爆；為了避免油炸後顏色過深，務必將牛
奶清洗乾淨。

用牛奶浸泡，可以讓軟殼蟹去除腥味，並
增加淡淡奶香。

若購買不到上新粉時，可用蓬萊米粉替
代；茗荷也可以日式嫩薑替代。

日式干邑雲丹海膽醬佐蟹肉餅

份量　4 人份

材料	調味料
A 熟蟹肉 300 公克、花枝漿 120 公克、洋蔥 35 公克、紅蘿蔔 30 公克、西洋芹菜 20 公克、香菜 4 公克	**A** 日式干邑雲丹海膽醬 160 公克
B 美生菜 80 公克、小紅番茄 4 顆、蜜腰果 30 公克	**B** 檸檬汁 15 公克、七味粉 4 公克、鹽 5 公克、白胡椒粉 5 公克
C 蛋 3 顆、麵粉 15 公克、麵包粉 60 公克	

作法

1　熟蟹肉撥散，擠乾水分並擦乾；洋蔥切碎，擠乾水分後擦乾；紅蘿蔔切碎；西洋芹菜切碎；香菜切碎，備用。

2　美生菜切絲後，放入冰水冰鎮 20 分鐘，取出瀝乾水分；小紅番茄洗淨，備用。

3　作法 1 的材料、雞蛋 1 顆、花枝漿、調味料 B 拌勻，分次加入麵包粉至不黏手，分成八等份，搓圓後壓成餅狀備用。

4 準備一鍋 160℃熱油，蟹肉餅依序沾上薄薄一層麵粉、
   蛋液、麵包粉後，放入油鍋，以中小火半煎炸的方式至
   金黃色且熟透，取出瀝乾油分。

5 取一平盤，美生菜絲墊底，蟹肉餅盛盤，擺上小紅番茄、
   蜜腰果，食用時沾日式干邑雲丹海膽醬即可。

Chef's Tips

可以依個人喜好的口感，來增減花枝漿的份量。

自製的麵包粉炸後色澤較金黃，口感更香脆。作法為吐司去
邊切小丁後冷凍，將結凍的吐司丁放入果汁機打勻成粉，自
製麵包粉即完成。

冷凍熟蟹肉處理時，可以用手輕輕撥散，並挑去碎殼、雜質。

若購買不到熟蟹肉，可以選購新鮮螃蟹，放入少許薑片、米
酒蒸熟，放涼後撥成熟蟹肉即可；自己處理的熟蟹肉，會較
市售熟蟹肉鮮甜。

烤雞肉米皮淋日式干邑雲丹海膽醬

份量　4 人份

材料

A　去骨雞腿肉 320 公克、米皮 4 張

B　紫山藥 80 公克、紅蘿蔔 80 公克、
黃蘿蔔 80 公克、蘆筍 30 公克、
苜樹芽 60 公克、蜜腰果 35 公克

調味料

A　日式干邑雲丹海膽醬 120 公克

B　薄口醬油 30 公克、蜂蜜 10 公克、
白酒 15 公克、鹽 3 公克、白胡椒粉 2 公克

C　細砂糖 20 公克

作法

1　去骨雞腿肉用刀跟輕剁，將筋的部分剁斷，加入拌勻的調味料 B，醃漬約 15 分鐘備用。

2　紫山藥、紅蘿蔔、黃蘿蔔切成條狀，與細砂糖拌勻，蒸熟後放涼；蘆筍削去老皮，放入滾水汆燙，取出冰鎮
後切斜段，備用。

3 熱鍋，加入少許油，放入雞腿肉，以中小火煎至金黃且熱透後，取出待微涼，切成條狀備用。

4 兩張米皮略沾溫水，交疊平放於砧板上，鋪上雞肉條、材料 B，包裹後捲緊，切成小段，盛盤，淋上日式干邑雲丹海膽醬即可。

Chef's Tips

操作米皮時，略沾少許溫水，待微軟化隨即包裹食材，勿等到完全軟化再包裹，因為米皮軟化後會產生黏性，使其增加操作難度。

在包捲時，可以運用竹簾協助，以利捲的過程更方便快速。

蔬菜選用以根莖類為主，水分較少且比較好操作，也可放入水果（蘋果、奇異果、草莓……等）做搭配。

食材內所使用的黃蘿蔔為市售新鮮黃蘿蔔，並非醃製的黃蘿蔔。

和風香柚油醋醬

市面上的油醋醬,多半以西式的配方為多,這次將以和風料理常用的柴魚高湯、味醂作為它味道的來源,再以芝麻、葡萄柚來提昇它的風味,也可以依個人喜好,增減葡萄柚份量,是作為沾醬、淋醬、沙拉醬的最佳選擇。

適合料理·肉類、海鮮　烹調方式·沾醬、淋醬　保存期限·冷藏保存為 5 天　份量·480 公克

材料		調味料
A　葡萄柚 4 顆、白芝麻 45 公克	• • •	A　新鮮檸檬汁 30 公克、橄欖油 120 公克、味醂 60 公克、七味粉 6 公克、柴魚醬油 150 公克

作法

1　葡萄柚取出果肉,去膜去籽,放入果汁機攪打均勻即為香柚汁。

2　白芝麻放入鍋中,以小火乾炒至呈淺黃色即為熟芝麻備用。

3　將所有材料、調味料混合拌勻即可。

Chef's Tips

葡萄柚取下果肉後，外皮部分可以刀背輕刮，將葡萄柚皮刮下，切碎拌入醬汁中，更能增添香柚氣味。也可以將新鮮檸檬皮、新鮮柳橙皮切碎，以增加香氣。

可以依個人喜好，加入適量的新鮮柳橙汁調製。

熟白芝麻可輕壓，芝麻香氣會更濃郁。

日式炸豬排佐和風香柚油醋醬

份量　4人份

材料

A　里肌肉片 4 片（800 公克）、
麵粉 40 公克、蛋 3 顆、麵包粉 75 公克

B　高麗菜 80 公克、紫洋蔥 80 公克、
青紫蘇葉 3 片

調味料

A　和風香柚油醋醬 120 公克

B　柴魚醬油 30 公克、白胡椒粉 6 公克、
清酒 10C.C.

作法

1　將里肌肉片筋部邊緣去除，撕一層保鮮膜鋪於砧板上，鋪上里肌肉，再鋪上一層保鮮膜，用肉槌輕輕將里肌
肉片拍打，去除保鮮膜後，與調味料 B 抓勻，醃漬約 15 分鐘備用。

2　高麗菜切絲後泡冰水 20 分鐘，取出瀝乾水分；紫洋蔥切絲，用清水洗去辛辣味後，泡冰水 15 分鐘，取出瀝
乾水分備用。

3　青紫蘇葉去梗洗淨備用；蛋打散均勻成蛋液；取出醃漬過的里肌肉片，依序沾裹一層薄薄麵粉、蛋液、麵包粉，
備用。

4　準備一鍋160℃熱油，放入肉排，炸至略黃色，撈出瀝乾油分後放置一旁，約5分鐘。再將油溫提高至180℃，再放入呈現黃色的肉排，炸至金黃且熟透，撈出瀝乾油分即為炸豬排。

5　高麗菜絲、紫洋蔥絲拌勻鋪底，擺上炸豬排、青紫蘇葉，附上和風香柚油醋醬即完成。

Chef's Tips

高麗菜可以換成美生菜、蘿蔓生菜搭配。

食用時可以搭配新鮮檸檬，增加其酸味、香氣、去油膩；里肌肉可以雞肉、牛肉替換。

麵包粉也可以自己動手做，做法請參考「日式干邑雲丹海膽醬佐蟹肉餅」。

豬排變化上，中間可以包入起司片、火腿片……等。

醬料另外以容器裝盛附上，食用時再淋上或沾食，才能保持豬排的酥脆度。

和風香柚油醋醬野蔬沙拉

份量　4人份

材料	調味料
A　山藥 100 公克、蘆筍 35 公克、蘿蔓生菜 80 公克、紅捲鬚生菜 80 公克、紅甜椒 80 公克	**A**　和風香柚油醋醬 130 公克
B　腰果 40 公克	**B**　鹽 5 公克

作法

1　山藥切一口大小的條狀，略過清水，泡食用水備用；蘆筍斜切一口大小成段，放入加了調味料 B 的滾水汆燙，撈出後冰鎮備用。

2　蘿蔓生菜、紅捲鬚生菜用手剝一口大小，泡入冰水冰鎮約 15 分鐘；紅甜椒切一口大小三角形片狀，放入冰水冰鎮，備用。

3　取出作法 1、2 的所有蔬菜瀝乾並拭乾水分，放入大調理盆混合拌勻，撒上腰果，最後淋上和風香柚油醋醬即完成。

Chef's Tips

搭配口感清脆的新鮮水果，可增加口感；
腰果也可以選用綜合堅果類替代。

可以加入日式海帶芽、海鮮一起食用。

漬物拌和風香柚油醋醬

份量　4人份

	材料		調味料

材料

A　小黃瓜 80 公克、紅蘿蔔 180 公克、
　　白蘿蔔 180 公克

B　青紫蘇葉 4 片

調味料

A　和風香柚油醋醬 140 公克

B　鹽 30 公克

作法

1　小黃瓜切一口大小滾刀塊，加入 1/3 調味料 B 抓拌，靜置 10 分鐘，以冷開水洗淨後冰水冰鎮。

2　紅蘿蔔、白蘿蔔切一口大小滾刀塊，加入 2/3 調味料 B 抓拌，靜置 15 分鐘，以冷開水洗淨後冰水冰鎮。

3 青紫蘇葉切絲，將冰鎮完成、瀝乾水分的作法 1、2 與
和風香柚油醋醬拌勻即可。

Chef's Tips

冬季時，可以用高麗菜、大白菜，作法相
同，直接拌勻即可食用，時間較短且方便
快速。

可以加入炸物、烤物，讓菜餚更為豐盛。

可直接浸泡醬汁，使食材更有味道。

日式白醬油冷麵醬

這道醬的重點在醬油的運用，以白醬油取代一般的醬油，善用白醬油的清淡、甘甜口感，取代醬油濃韻的鹹味，再與食材搭配，使其風味不被醬油壓過，且呈現出較清爽、原始的享受。

適合料理‧肉類、蔬菜、麵食　烹調方式‧沾醬、淋醬、冷熱麵醬
保存期限‧冷藏保存為 3 天　份量‧480 公克

材料

A　柴魚高湯 250C.C.、柴魚片 30 公克、
乾香菇 4 朵

調味料

A　白醬油 50C.C.、味醂 45C.C.、清酒 75C.C.

Chef's Tips

乾香菇可以先用烤箱烤過或用乾鍋稍微炒一下，能使香菇味道更濃郁；乾香菇烹煮或浸泡的時間增加，能使香菇的味道更加融入醬汁中，瀝出的香菇還可以再利用於其他的料理上。

選購柴魚片，柴魚片的色澤越深，烹煮出的柴魚高湯味道較重且顏色較深。加入白醬油時，需注意其量。

柴魚片可以用紗布或濾紙過濾，使醬汁更清澈。

白醬油味道、氣味上，沒有一般醬油那麼重，色澤沒那麼深，因此可以依個人口味的喜好，改用薄口醬油或加鹽調整鹹度。

作法

1   清酒加熱至酒味蒸發後,加入白醬油、味醂、乾香菇(圖1),煮滾10至15分鐘,之後加入柴魚片(圖2),
    熄火。

2　等柴魚沉澱之後（圖3），用濾網過濾（圖4），將乾香菇放回柴魚湯汁中，繼續浸泡使醬汁更入味（圖5），
　　冰鎮後即成日式白醬油冷麵醬（圖6）。

抹茶細麵佐日式白醬油冷麵醬

份量　4人份

材料	調味料
A　雞胸肉 1/2 副	**A**　日式白醬油冷麵醬 120 公克
B　抹茶細麵 120 公克、小黃瓜 1 條、白芝麻 2 公克、海苔絲 5 公克、雞蛋 1 顆、蛋黃 1 顆	**B**　鹽 15 公克、胡椒 3 公克、清酒 6 公克

作法

1　備鍋水，加熱至滾後加入抹茶細麵，煮約 45 秒，加入 150C.C. 冷水轉中火煮至滾後，將抹茶細麵撈出冰鎮備用。

2　雞蛋、蛋黃打散，熱鍋熱油，中小火煎成蛋皮，放涼後切絲備用

3 雞胸肉醃入鹽 3 公克、胡椒、清酒 20 分鐘後，放入加
   有鹽 10 公克的滾水中，煮約 12 分鐘，取出放涼後剝成
   絲備用。

4 小黃瓜表面略抓 2 公克鹽，將表面細毛去除後，用開水
   洗淨切絲，冰水冰鎮瀝乾備用；白芝麻以乾鍋炒香炒熟
   備用。

5 盛盤，附上日式白醬油冷麵醬、撒上熟白芝麻即可。

Chef's Tips

抹茶細麵可以選用梅子細麵、細麵或蕎麥
麵做替換。

雞肉可以用海鮮、豬肉做變化。

汆燙細麵時，需注意烹調時間，因細麵麵
質較偏軟，過熟會失去其口感。

養生山藥細絲佐日式白醬油冷麵醬

份量　4人份

材料		**調味料**
A 白山藥 300 公克、紫山藥 300 公克	⋮	**A** 日式白醬油冷麵醬 200 公克
B 蝦卵 15 公克、海苔絲 3 公克		

作法

1　白山藥、紫山藥削皮後，切成細絲狀，泡水後瀝乾水分，略拌均勻。

2　盛盤，均勻淋上日式白醬油冷麵醬，擺上海苔絲、蝦卵即完成。

Chef's Tips

在切白山藥、紫山藥時，去皮後，用削皮刀將山藥削成長薄片，再切成細絲。

可以加入生蛋黃，增加其口感，味道更加柔順，亦可加入七味粉、蔥花、納豆做配料，增加菜餚的豐富性。

日式炸物特調醬

說到「日式」，不得不提到醬油、清酒、芝麻、味醂、柴魚，將各個材料的味道發揮得淋漓盡致。醬油點出醬色，清酒燒出酒香，芝麻煮出香氣，味醂帶出甜味，柴魚熬出湯鮮，再以乾香菇的香氣使整個醬汁多了迷人鮮味。

適合料理· **肉類、蔬菜、海鮮**　烹調方式· **沾醬、淋醬**
保存期限· **冷藏保存為 7 天**　份量· **600 公克**

材料		調味料
A　乾香菇 25 公克、白芝麻 8 公克、柴魚片 35 公克	⋮	A　柴魚高湯 360C.C.、清酒 60C.C.、濃口醬油 60C.C.、味醂 60C.C.

作法

1　清酒加熱至滾後轉小火，濃縮至將酒精揮發，放涼備用。

2　柴魚高湯加熱至溫狀態，放入乾香菇泡軟；白芝麻放入鍋中，以小火乾炒香且熟，將炒熟白芝麻磨碎，備用。

3 將調味料 A、乾香菇、香菇水、白芝麻碎一起放入鍋中加熱，煮滾後轉小火續煮 15 分鐘，放入柴魚片，熄火後靜置 10 分鐘。

4 將作法 3 過濾後取湯汁即完成，乾香菇可以繼續泡著使更入味。

Chef's Tips

沾裹炸物時，醬汁可以加入適量白蘿蔔泥，增加清爽度，也能使醬汁充分黏裹於食物上。

柴魚高湯烹煮的比例為水 1,200C.C.：柴魚片 100 公克，也可以加入 2 公分乾昆布條提味。

放入乾香菇後，加熱時間可以加長，使香菇的氣味融入醬汁中；放入柴魚片後，立即熄火以浸泡的方式入味，此時若繼續加熱會產生澀味。

可加入少許檸檬汁、柑橘類果汁變化口味。

天婦羅集錦佐日式炸物特調醬

份量　4人份

材料

A　綠花椰菜 200 公克、牛蒡 240 公克、
　　　蘆筍 100 公克、青紫蘇葉 8 片

B　地瓜 150 公克、芋頭 150 公克、
　　　山藥 150 公克、南瓜 170 公克

C　白蘿蔔 75 公克

調味料

A　日式炸物特調醬 320C.C.

B　中筋麵粉 65 公克、太白粉 65 公克、
地瓜粉 65 公克、上新粉 65 公克、無鹽奶油 65 公克

C　白菊醋 20C.C.（註1）　**D**　中筋麵粉 100 公克（註2）

E　鹽 5 公克、沙拉油 10 公克

註1　泡牛蒡用　註2　使食材較易沾附麵糊

作法

1　綠花椰菜梗的部分削去較粗的皮，花的部分切成一口大小；牛蒡用刀背去除皮表面上的雜質、沙土，洗淨後
　　切片，稍微過水後泡少許醋水；蘆筍切段備用。

2　地瓜、芋頭削皮，切長方厚片，泡入水中；山藥削皮，切成 7 公分粗條後泡水；南瓜表面洗淨，帶皮切 1.5 公分厚片；青紫蘇葉去梗後泡水備用。

3　白蘿蔔削皮，切小塊放入果汁機內，加點水打成泥，放入日式炸物特調醬中備用。

4　準備一鍋滾水，加入少許鹽與沙拉油，放入綠花椰菜、蘆筍汆燙，撈出後冰鎮；地瓜、芋頭放入蒸鍋，以中火蒸約 5 分鐘至牙籤可以稍微刺穿即可取出，備用。

5　調味料 B 攪拌均勻，放入果汁機內，分次加入 680C.C. 的冰水，攪打至濃稠帶點流性，即成麵衣的麵糊。

6　準備一鍋 170℃ 油鍋，將所有材料 A、B 先沾上薄薄一層中筋麵粉，再沾上一層調好濃度的作法 4 麵糊，放入油鍋炸至麵衣酥脆，取出瀝乾油分。盛盤，附上日式炸物特調醬即完成。

Chef's Tips

調製麵糊時，奶油可切成數等份小塊，靜置於室溫，待稍微軟化，再與粉類拌勻；加冰水的用意在於防止麵筋的產生，也可以加入 0.2% 小蘇打粉增加酥脆度。

洋芋海鮮卷佐日式炸物特調醬

份量　4人份

材料	調味料
A 鯛魚片 160 公克、虎斑蝦 800 公克、花枝漿 200 公克	**A** 日式炸物特調醬 300 公克
B 洋芋 450 公克、荸薺 5 公克、紅蘿蔔 25 公克、蘆筍 36 公克、玉米 140 公克	**B** 昆布高湯 12 公克、清酒 80 公克
C 蛋液 30 公克、海帶芽 30 公克	**C** 鹽 13 公克、白胡椒粉 5 公克

作法

1　鯛魚片切小丁；虎斑蝦去頭、殼，留尾部的一節，在蝦子腹部淺淺畫上數刀，略將蝦身拉長，備用。

2　洋芋洗淨，削皮後用刨絲器刨成絲狀；荸薺切碎後擠乾水分；紅蘿蔔切碎，備用。

3　蘆筍削去老皮，切成長斜段；玉米洗淨。準備一鍋滾水，加入鹽 5 公克，放入蘆筍、玉米汆燙熟，取出放入冰水冰鎮，玉米切去芯部成片狀。

4　調味料 B 的清酒加熱至滾後轉小火，濃縮至將酒精揮發後，與昆布高湯煮滾並以鹽 1 公克、白胡椒 1 公克調味，再將海帶芽放入，隔水冰鎮備用。

5 將花枝漿、鯛魚丁、荸薺、紅蘿蔔與蛋拌勻，加入調味料 C 的鹽 8 公克、白胡椒 4 公克拌勻，分成八等份，平均包裹於每隻虎斑蝦蝦身，外層再均勻黏裹上洋芋絲備用。

6 準備一鍋 160℃熱油，放入洋芋海鮮卷，炸至略微黃，撈出瀝乾油分後放置一旁。將油溫提高至 180℃，再放入呈現黃色的洋芋海鮮卷，炸至金黃且熟透，撈出瀝乾油分即可。

7 取一平盤，海帶芽鋪底，擺上蘆筍、玉米片、洋芋海鮮卷，食用時沾日式炸物特調醬即可。

⋮ Chef's Tips

洋芋刨絲後，應立即使用，不可刨絲備用，以防變褐色，洋芋絲不要泡水，避免澱粉質流失，增加操作上的困難度。

洋芋可以用刨刀器刨絲，也能直接用刀切絲。

虎斑蝦又稱車蝦，其外殼一節一節分層形成斑紋。

居酒屋燒烤特調醬

相較於其他燒烤醬的味道，番茄醬的酸味在食用上有去油解膩的效果，再以柳橙汁作為果香的主要來源，蜂蜜的香氣來提味，辛香料增添風味，再拌和均勻黃芥末粉等調味料。料理的搭配運用上，更能隨食材特性充分的結合。

適合料理 · 蔬菜、肉類　烹調方式 · 烤醬、淋醬、沾醬、拌醬
保存期限 · 冷藏保存為 5 天　份量 · 820 公克

材料

A 洋蔥 80 公克、蒜頭 80 公克、
　　紅蔥頭 80 公克

調味料

A 柳橙汁 140C.C.、鹽 3 公克、黑胡椒粉 2 公克、
　　梅林辣醬油 50 公克
　Tabasco 辣椒水 30 公克、黃芥末粉 30 公克、
　　番茄醬 460 公克、麥芽糖 25 公克、蜂蜜 25 公克

作法

1　洋蔥、蒜頭、紅蔥頭去皮，切細碎備用。

2　熱鍋，加入少許油，依序放入洋蔥、蒜頭、紅蔥頭炒香，加入調味料 A，以中小火煮至滾後，熄火後放涼即完成。

<table>
<tr><td>

Chef's Tips

燒烤過程中，先將食材稍微烤至 3 ～ 4 分熟，再分次
刷上居酒屋燒烤特調醬，才能使食材入味且熟透，且
溫度不宜過高，過高容易產生焦化的現象。

依個人對於酸甜度的喜好，加減柳橙汁份量；或加入
檸檬汁替換。也可加入適量柳橙皮或檸檬皮，提升醬
汁的風味。

取醬汁時需先倒出所需量於容器中，避免來回沾取而
導致醬汁變質腐敗。

</td></tr>
</table>

居酒屋燒烤特調醬烤物集錦

份量　4人份

材料	調味料

材料

A　新鮮香菇 40 公克、綠節瓜 100 公克、黃節瓜 100 公克、青蒜苗 2 支、青蔥 2 支、洋蔥 100 公克

B　無骨牛小排 300 公克、去骨雞腿肉 480 公克、青花魚 340 公克　C　竹籤 16 支

調味料

A　居酒屋燒烤特調醬 350 公克

B　鹽 10 公克、白胡椒粉 10 公克、清酒 30C.C.

C　黑胡椒粉 5 公克、熟芝麻 5 公克

作法

1　新鮮香菇以紙巾擦拭乾淨後去蒂頭；綠節瓜、黃節瓜洗淨後擦乾，直切一開三，加入少許鹽、白胡椒，稍微抓拌備用。

2　青蔥、青蒜苗切 3 公分段；洋蔥切一口大小塊狀，備用。

3　無骨牛小排、去骨雞腿肉均切約 4 公分塊狀，略抓少許鹽、白胡椒；青花魚洗淨後擦乾，去頭取魚肉，切約 4 公分塊狀，加入鹽、白胡椒、清酒，略抓備用。

4　準備一鍋滾水，加入少許沙拉油、鹽，放入香菇、黃節瓜、綠節瓜汆燙約 20 秒，撈出。

5　以竹籤依序間隔串起香菇、綠節瓜、黃節瓜為蔬菜串；再以依序交錯串起洋蔥塊、牛肉為牛肉串；再依序交錯串起蔥段、雞肉為雞肉串；再依序交錯串起青蒜苗、魚肉為魚肉串，一起放入烤箱，以 180℃，均勻刷上薄薄的居酒屋燒烤特調醬，烤約 5 分鐘，取出翻面均勻刷上薄薄的居酒屋燒烤特調醬，再放入烤箱烤 5 分鐘至上色且熟透即可。

6　取出後盛盤，撒上調味料 C 即完成。

Chef's Tips

節瓜可以紅甜椒、黃甜椒、蔬果類做替換。

在燒烤中，雞肉串、魚肉串應全熟食用，比牛肉串、蔬菜串烤熟時間較長，所以需特別注意其熟度。

在燒烤過程中，若為了保留食材的原味，可將醬汁做沾醬搭配食用。

運用燒烤特調醬沾食時，因為醬汁偏酸甜，所以可以搭配生菜、泡菜等達到綜合味道，食用時不會覺得太油膩。

燒烤特調醬無骨雞翅薯泥蝦卵

份量　4人份

材料	調味料
A　二節翅 12 隻、蝦卵 65 公克	**A**　居酒屋燒烤特調醬 160 公克
B　馬鈴薯 500 公克、小紅番茄 150 公克、 　　　紫洋蔥 60 公克、洋蔥 60 公克	**B**　水 300C.C.、細砂糖 120 公克、 　　　米醋 260C.C.
C　梅子 4 顆	

作法

1　持尖刀小心地將二節翅肉較多部位的骨頭取出，不要傷到肉，保持肉的完整性，加入居酒屋燒烤特調醬略抓拌，醃漬 10 分鐘備用。

2　準備一鍋滾水，加入少許鹽，放入小紅番茄汆燙約 12 秒，撈出冰鎮，在冰水裡去皮，瀝乾水分後一開四備用。

3　馬鈴薯削皮，切小塊後蒸熟，以篩網過篩，稍微放涼與蝦卵拌勻即為蝦卵薯泥，並放入擠花帶中備用。

4　將水、細砂糖煮至溶解，加入梅子、米醋拌勻，隔水冰鎮即為梅子醋水；紫洋蔥、洋蔥切絲，以活水浸泡 15 分鐘，將辛辣味去除後瀝乾多餘水分，放入梅子醋水中泡約 20 分鐘即可。

5　將作法 1 的二節翅，擠入適量蝦卵薯泥，再用牙籤封口固定，以毛刷多次均勻刷上薄薄一層居酒屋燒烤特調醬，放入烤箱，以 160℃烤約 12 分鐘烤至上色且熟透即可。

6　取一平盤，以浸泡過的洋蔥絲墊底，擺上烤好的二節翅，放上小紅番茄即完成。

Chef's Tips

醃漬洋蔥的味道，可依個人喜好調整酸度；小紅番茄可以漬紅蘿蔔、梅子替換。

二節翅可以雞腿替換，薯泥內可以拌入雞肉漿、蔬菜碎，增加口感及甜度。

泰式酸辣魚露醬

泰式料理中獨有的鮮明酸辣風味，調整成國內可接受之清淡口感，讓怕或不愛吃辣者，重新接受泰式酸辣醬開胃的好味道，成為一道人人愛吃又好吃的佳餚。

適合料理·蔬菜、海鮮、肉類　烹調方式·蒸醬、淋醬、煮醬、沾醬
保存期限·冷藏保存為 7 天　份量·490 公克

材料	調味料
A　香菜梗 35 公克、辣椒 12 公克、朝天椒 6 公克、蒜頭 10 粒	A　是拉差醬 60 公克、水 80 公克、檸檬汁 120C.C.、細砂糖 12 公克、魚露 140C.C.

作法

1　香菜梗切碎；辣椒、朝天椒去籽後切碎；蒜頭切碎，備用。

2　熱鍋，加入少許沙拉油，以小火依序將辣椒碎、蒜碎炒香，再加入拌勻的調味料 A，加熱至糖融化，最後放入香菜梗碎，熄火後放涼即完成。

Chef's Tips

辣椒可以依個人喜好的辣度調整份量。

新鮮檸檬取汁後，檸檬皮可以剁碎拌入醬汁中，增加檸檬的清香味。

此醬汁也適用拌炒料理，特別適合與海鮮類拌炒，但必須起鍋前再加入，避免酸味跑掉。

泰式酸辣魚露醬淋燻雞青木瓜沙拉

份量　4人份

材料		調味料

材料

A　煙燻雞胸肉 200 公克

B　青木瓜 250 公克、小番茄 30 公克、
小黃番茄 30 公克、菜豆 45 公克、
蝦米 6 公克、香菜葉 3 公克

C　熟花生 20 公克

調味料

A　泰式酸辣魚露醬 200 公克

B　鹽 40 公克

作法

1　煙燻雞肉剝成絲；青木瓜削皮後刨絲備用；小番茄、黃番茄一開二備用；蝦米泡水洗淨，擠乾多餘水分，熱
鍋炒香後切碎備用。

2   菜豆切小段，放入滾水汆燙熟，撈出冰鎮備用。

3   將所有材料混合拌勻，盛盤，撒上熟花生、香菜葉，再
     淋上泰式酸辣魚露醬即完成。

Chef's Tips

煙燻雞胸肉可以用一般水煮雞胸肉或海鮮
替代。

菜豆切段後略拍平，使口感脆而不硬。

青木瓜若不易買到，可用去籽泰國芭樂切
絲取代。

烤鮮魷拌泰式酸辣魚露醬

份量　4人份

材料	調味料
A　透抽 600 公克、小黃瓜 60 公克、 黃甜椒 60 公克、紅甜椒 60 公克	A　泰式酸辣魚露醬 130 公克
B　香菜 3 公克	B　鹽 10 公克、米酒 20C.C.

作法

1　將透抽去頭並將內藏及外層薄膜去除，擦乾表面水分，加入少許米酒抓勻，去除腥味。

2　小黃瓜拌入少許鹽，稍微抓過使表面細毛去除，再斜切 0.5 公分片狀，泡冰水冰鎮；黃甜椒切菱形片，放入滾水汆燙，放入冰水中冰鎮，備用。

3 透抽放於烤架上並放入烤箱中，以 150℃烤約 8 分鐘至熟即可。

4 將烤好的透抽切成圓圈狀，與小黃瓜、甜椒、泰式酸辣魚露醬拌勻即可。

Chef's Tips

透抽可以花枝、小章魚、白蝦、孔雀貝等海鮮料替換，也可拌入適量青木瓜絲。

此道料理可改用熱炒方式烹調，起鍋前加入醬汁稍微拌炒熱即可。

泰式酸辣魚露醬錫包烤鮮魚

份量　4人份

材料

A　鱸魚1尾（約800公克）、洋蔥35公克、
　　香菜3公克、辣椒2公克

B　錫箔紙1張

調味料

A　泰式酸辣魚露醬80公克

B　鹽5公克、白胡椒粉2公克、米酒20C.C.

C　無鹽奶油30公克、柴魚高湯40公克

作法

1　鱸魚洗淨，去鱗、去鰓、去肚，擦乾水分後在魚肉表面輕輕劃上2～3刀，加入調味料B醃漬備用。

2　洋蔥切絲，用清水泡過洗淨；香菜切碎；辣椒切絲，備用。

3 取一張錫箔紙，表面均勻抹上一層薄奶油，放上鱸魚，包覆，預留少許空間不整個封緊，放入烤箱，以 170℃ 烤約 20 分鐘至魚肉熟透。

4 泰式酸辣魚露醬、柴魚高湯加熱至滾備用。

5 取出烤好的鱸魚，盛盤，擺上洋蔥絲、香菜碎、辣椒絲，淋上作法 4 的淋醬即可。

Chef's Tips

錫箔紙包裹魚肉時，要預留些空間，在烘烤過程，有空間能讓水氣循環，才不會使魚肉烤熟後，水分卻流失掉，導致魚肉乾澀。

選購鱸魚時，必須衡量自家烤箱的大小和性能調整溫度和時間；若無烤箱，可改以蒸的方式烹調完成。

泰式紅咖哩香茅醬

印象中的咖哩，大多數只記得黃咖哩，卻忽略了紅咖哩。添加黃咖哩烹調的菜餚，在味道、食材、口感上，呈現較濕軟、滑順的口感；紅咖哩蘊含多種香料的香氣，且口感層次不亞於黃咖哩，添加檸檬葉、香茅提香後，呈現不一樣的東南亞風味。

適合料理·肉類、海鮮　烹調方式·沾醬、淋醬、主醬　保存期限·冷藏保存為 7 天　份量·500 公克

材料

A　香菜梗 6 公克、洋蔥 45 公克、
薑 30 公克、辣椒 25 公克、乾檸檬葉 5 片、香茅 20 公克、
蒜頭 15 公克

調味料

A　紅咖哩醬 90 公克、椰漿 180 公克、沙拉油 20cc

B　細砂糖 45 公克、魚露 55 公克

```
•
•   Chef's Tips
•
```

若能取得新鮮檸檬葉做取代,能使醬汁的香氣更清香。

新鮮香茅取得不易,可以用香茅粉做替代。

醬汁在調製完成後,可以依個人喜好的稠度、細膩度
做調整。完成的醬汁可以放入果汁機中攪打,使醬汁
纖細滑順,切記果汁機打過後需倒回鍋中再加熱至滾
後放涼,以免醬汁因攪打過程,加入過多空氣,容易
變質。

作法

1 香菜梗切碎備用；洋蔥、薑、辣椒、蒜頭切碎備用（圖1、2）

2 香茅用刀面輕拍開備用（圖3）

3 熱鍋熱油，以小火爆香洋蔥碎、薑碎、辣椒碎、蒜碎（圖4），再加入紅咖哩醬拌炒（圖5）。

4 依序放入椰漿、檸檬葉（圖6），煮至略滾後（圖7），先試味道，再依個人喜好加入糖與魚露調味（圖8），熄火。

5 起鍋前放入香茅、檸檬葉（圖9），以浸泡方式將香氣融入醬汁中，有香氣後撈出即完成（圖10）。

醬燒豬肉淋泰式紅咖哩香茅醬

份量　4 人份

材料

A　松阪豬 320 公克

B　洋蔥 50 公克、菜豆 60 公克、
黃甜椒 45 公克、紅甜椒 45 公克、蔥 15 公克、
辣椒 15 公克

調味料

A　泰式紅咖哩香茅醬 100 公克

B　沙拉油 30 公克、醬油 25 公克、白胡椒 3 公克

作法

1　松阪豬與調味料 B 拌勻後略醃 10 分鐘備用。

2　洋蔥切丁；菜豆去莖後切斜段；黃甜椒切片；蔥切段；辣椒切碎備用。

3 將松阪豬放入烤箱,以上、下火 170℃烤至熟,取出後切斜片備用。

4 熱鍋熱油,依序爆香洋蔥片、蔥段、辣椒碎,加入菜豆、黃甜椒拌炒至熟後,加入泰式紅咖哩香茅醬,煮至略滾熄火。

5 盛盤,松阪豬肉片擺上,淋上烹調過的泰式紅咖哩香茅醬即完成。

> **Chef's Tips**
>
> 松阪豬肉在處理時,可在表面上劃數刀淺刀痕,使其在醃製、烹調過程中較易入味,亦可將烤熟的松阪豬肉放涼後再煙燻,可增加菜餚不同的風味。
>
> 可以加入馬鈴薯、芋頭等,善用其澱粉質融入醬汁中,能使醬汁均勻包覆食材。也可以將肉類換成海鮮做烹調。

泰式酥炸雞肉紅咖哩香茅醬

份量　4人份

材料

A　去骨雞腿肉 450 公克

B　小黃番茄 25 公克、紅番茄 25 公克、
　　小黃瓜 20 公克

C　中筋麵粉 85 公克、酥炸粉 120 公克、
　　雞蛋 60 公克、水 30 公克

調味料

A　泰式紅咖哩醬 100 公克

B　鹽 6 公克、白胡椒 3 公克、沙拉油 800 公克、
　　椰漿 20 公克

作法

1　去骨雞腿肉用刀跟的部分略將筋的部分剁段，切塊後以鹽 3 公克、白胡椒略抓，醃約 15 分鐘備用。

2　黃、紅番茄洗淨去蒂頭，一開二備用；小黃瓜以 3 公克鹽略抓，將表面細毛去除洗淨，切滾刀備用。

3　酥炸粉、雞蛋攪拌至均勻，再依稠度加入適當的水，即成酥脆麵糊。

4 熱鍋熱油，將油溫加熱至 150℃，將雞肉塊依序均勻沾
   裹中筋麵粉、酥脆麵糊，放入油鍋中炸至略上色，撈出，
   再將油溫提高至 180℃，再放入雞肉塊炸至上色且熟透
   即可撈出，瀝乾多餘的油備用。

5 熱鍋，加入些許油，加入泰式紅咖哩醬，加熱至略滾，
   再依個人喜好加入椰漿調稠度，熄火後與炸好的雞肉
   塊、黃紅番茄、小黃瓜塊拌勻，盛盤即完成。

Chef's Tips

在醃製雞肉時可以加入少許的醬汁，增加
紅咖哩的風味，但雞肉在沾裹酥炸麵糊
時，須先讓雞肉醃醬完全去除，再以紙巾
擦拭多餘的醬汁後沾裹酥炸麵糊，這樣炸
起來外表較不會因醃醬的色澤而使得酥炸
後的顏色暗沉。

檸香沙嗲燒烤醬

有別於以往所吃、所看、所知的「沙嗲醬」，這款燒烤醬汁添加檸檬葉的清香、烤花生的香氣，使得醬汁與烤物結合時加分許多，更能帶出食材的甜味，烤出香氣，烹調出獨樹一格的料理。

適合料理·肉類、海鮮　　烹調方式·醃醬、淋醬　　保存期限·冷藏保存為 7 天　　份量·850 公克

材料	調味料
A 蝦米 25 公克、蒜頭 35 公克、 紅蔥頭 30 公克 **B** 熟花生 50 公克、檸檬葉 12 公克	**A** 無鹽奶油 60 公克、雞粉 10 公克 **B** 牛骨湯粉 25 公克、雞高湯 480cc、沙茶醬 30 公克、 紅咖哩粉 10 公克、沙薑粉 6 公克、黃薑粉 6 公克、 侯柱醬 10 公克、美極鮮味露 10 公克、細砂糖 10 公克、 椰漿 55 公克 **C** 花生醬 20 公克、奶水 50 公克 **D** 雞高湯 80 公克

作法

1 蝦米用熱水泡軟約 5 分鐘，撈起瀝乾水分並以乾鍋炒香後切碎；蒜頭、紅蔥頭去皮，切碎，備用。

2 熟花生放入烤箱中，以 120℃烤約 6 分鐘至香氣釋出，與花生醬放入果汁機內，分次加入材料 D 雞高湯打成花生泥備用。

3 熱鍋，放入奶油，以小火炒香材料 A，加入調味料 B，煮 1 ～ 2 分鐘，再加入奶水、作法 2 打成泥的材料，邊煮邊攪拌至滾，熄火。

4 最後放入檸檬葉，以浸泡的方式將香氣融入醬汁中，待香氣釋出後撈出即完成。

Chef's Tips

親手製作，可依個人喜好調整鹹度；若選擇市售調配好的沙嗲醬罐頭，偏鹹，使用時需再稀釋變淡。

在肉類烹調上，可以先醃漬入味，使其食用時更有味道。

在醬汁的運用上，可以清炒時蔬，或醃漬肉類，再與其他食材拌炒。

手漬時蔬雞肉淋檸香沙嗲燒烤醬

份量　4人份

材料	調味料
A 小黃瓜 70 公克、白蘿蔔 70 公克、 紅蘿蔔 70 公克	**A** 檸香沙嗲燒烤醬 150 公克
B 去骨雞腿肉 460 公克	**B** 鹽 18 公克、白胡椒粉 2 公克

作法

1　小黃瓜切滾刀塊後，加入 5 公克鹽抓勻，靜置 10 分鐘，用清水將鹽分洗淨，擦乾水分備用。

2　紅蘿蔔、白蘿蔔切滾刀塊，加入 10 公克鹽抓勻，靜置 15 分鐘，用清水將鹽分洗淨，擦乾水分備用。

3　去骨雞腿肉用刀跟將筋輕剁斷，均勻撒上剩餘 3 公克的鹽及白胡椒粉，放置 5 分鐘入味。

4　將去骨雞腿肉放入烤箱，以 160℃ 烤約 12 分鐘至上色
　　且熟透即可取出。

5　將雞腿肉切成小塊，盛盤，擺上作法 1、2 配菜，淋上
　　檸香沙嗲燒烤醬即可。

> **Chef's Tips**
>
> 去骨雞腿肉可以雞翅、雞胸或豬肉替換。
>
> 可以選用當季蔬菜替換，或以個人喜好的
> 蔬菜變化。
>
> 雞肉可先以檸香沙嗲燒烤醬醃漬，再以熱
> 炒方式烹調。

檸香沙嗲燒烤醬孜然烤羊肉串

份量　4人份

材料	調味料
A　羊肉 480 公克	**A**　檸香沙嗲燒烤醬 250 公克
B　綠節瓜 80 公克、黃節瓜 80 公克、小紅番茄 8 顆、青蒜苗 20 公克	**B**　鹽 8 公克、白胡椒粉 5 公克
C　竹籤 8 支	**C**　孜然粉 35 公克

作法

1　羊腿肉去筋去膜後，切一口大小，與檸香沙嗲燒烤醬拌勻，醃漬約 20 分鐘備用。

2　綠節瓜、黃節瓜去籽後切塊狀，加入調味料 B 拌勻；青蒜苗洗淨，擦乾後切約 5 公分段備用。

3 以竹籤交錯串起小紅番茄、青蒜苗、羊肉、綠節瓜、黃節瓜，放入烤箱，以 160℃烤約 8 分鐘至所有食材熟透即可。

4 取出蒔蔬肉串，盛盤，食用前依個人喜好撒上孜然粉。

Chef's Tips

羊肉可以選擇比較嫩的羊里肌肉來使用，如果不敢吃羊肉亦可選擇牛肉、豬肉來做變化。

將食材烘烤 3 ～ 5 分熟後，再分次少量刷上醬汁，使味道能均勻附著在食材上。

若想保留羊肉的原味，可於烘烤完成後，再刷上醬汁食用。

韓式泡菜特調醬

將以往桌上做為配菜、小菜食用的韓式泡菜,經過切碎、加熱、濃縮做變化,將它獨特的酸、香、辣,融合在柴魚高湯裡,搖身一變成為綜合了日韓風味的韓式泡菜特調醬,一種沾、淋、煮、拌皆可的百變醬汁。

適合料理‧**蔬菜、肉類、海鮮、麵食**　烹調方式‧**淋醬、煮醬、沾醬**
保存期限‧**冷藏保存為 7 天**　份量‧ 1,100 公克

材料	調味料
A　大白菜 300 公克、白蘿蔔 150 公克、紅蘿蔔 100 公克、青蔥 15 公克、蒜頭 35 公克、薑 20 公克	A　韓式碎辣椒粉 60 公克、韓式辣椒醬 40 公克、細砂糖 30 公克、蝦醬 30 公克、魚露 15 公克
	B　柴魚高湯 250 公克、味醂 60 公克
	C　鹽 80 公克

作法

1 大白菜剝開後洗淨,切中等大小;白蘿蔔、紅蘿蔔削皮後,刨成絲;青蔥切碎;蒜頭去皮後磨成泥;薑削皮後磨成泥,備用。

2 大白菜均勻塗抹一層鹽，靜置 2 小時至軟，用清水洗淨，過水約 30 分鐘，待鹽分充分流掉後，擦乾多餘的水分備用。

3 將白蘿蔔絲、紅蘿蔔絲、蔥碎、蒜泥、薑泥及調味料 A 拌勻為醃醬。

4 將大白菜塊加入作法 3 中拌均勻，放入冰箱醃漬一天即完成韓式泡菜。

5 取出 300 公克的韓式泡菜，切成碎狀，放入鍋中，加入調味料 B 煮約 5 分鐘至滾，取 2/3 份量放入果汁機中打成泥狀，再倒入鍋中與剩下的 1/3 份量加熱至略滾，熄火，即完成韓式泡菜特調醬。

Chef's Tips

在韓式泡菜製作成醬汁前，可以依個人喜好檢視辣味程度，若不夠辣可以在炒入朝天椒碎時，增加辣椒的份量，以增加香氣與辣味。

韓式泡菜切碎的大小，可依個人喜好的口感作調整。

醬汁除了當作涼拌、沾醬外，也可以炒入海鮮料，能有不同的味覺感受。

章魚拌韓式泡菜特調醬

份量　4人份

材料	調味料
A　小章魚 450 公克	**A**　韓式泡菜特調醬 360 公克
B　蘿蔓生菜 80 公克、紅捲鬚生菜 80 公克、香菜 6 公克	**B**　鹽 10 公克
C　食用彩色花適量 。	

食用花的名字有很多種，通常都是混合的，可有可無。

作法

1　小章魚清洗乾淨後，放入加鹽的滾水汆燙熟，撈出冰鎮備用。

2　蘿蔓生菜切一口大小，用冰水冰鎮；紅捲鬚生菜切一口大小，用冰水冰鎮；香菜切碎，備用。

3 將燙熟的章魚瀝乾水分,與瀝乾水分的蘿蔓生菜、紅捲
   鬚生菜及韓式泡菜特調醬拌勻,盛盤,最後以香菜碎、
   食用花點綴即可。

Chef's Tips

小章魚不容易購買,可以章魚、花枝、透
抽等海鮮料取代。

烹煮小章魚時,水滾後可放入紅茶茶包,
再放入小章魚,熄火後浸泡 10 分鐘,撈
出冰鎮即可。

季節時蔬寬粉拌韓式特調醬

份量　4人份

材料		調味料
A 玉米筍 30 公克、蘆筍 40 公克、綠花椰菜 100 公克、紅蘿蔔 80 公克	⋮	**A** 韓式泡菜特調醬 170 公克
B 寬粉 120 公克、青蔥 15 公克	•	**B** 鹽 15 公克

作法

1 　玉米筍洗淨，切一口大小斜段；蘆筍削去粗皮，切一口大小斜段；綠花椰菜削去粗皮，切成小朵；青蔥切末，過清水，去除辣味，備用。

2 準備一鍋滾水，加入調味料 B 後，將材料 A 放入汆燙，
  撈出瀝乾水分備用。再放入寬粉，汆燙約 6 分鐘至寬粉
  熟透且軟，撈出放涼備用。

3 將燙熟的蔬菜、寬粉、韓式泡菜特調醬拌勻，盛盤，最
  後以蔥花點綴即完成。

Chef's Tips

可以加入海鮮料一起拌勻，以增加變化
性，亦可以用熱炒的方式呈現。

寬粉可以依個人喜好，可用越式米粉或冬
粉來替代。

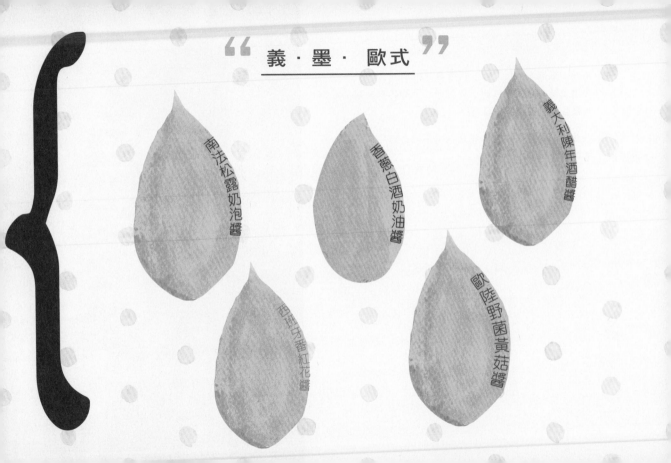

義 · 墨 · 歐式

南法松露奶泡醬

香蔥白酒奶油醬

義大利陳年酒醋醬

西班牙番紅花醬

歐陸野菌黃菇醬

香檳油醋醬

焗烤香料奶油醬

鄉村甜羅勒番茄醬

香芒酸甜莎莎醬

墨西哥檸香辣醬

南法松露奶泡醬

蘊含濃郁奶香,加上松露特有的朽木味道,打出來的泡沫細緻綿密的松露奶泡醬,淋在食材上有著視覺感官與味覺的雙重享受。

適合料理·海鮮、蔬菜、菌菇　烹調方式·淋醬　保存期限·冷藏保存為 5 天　份量·300 公克

材料

A　動物性鮮奶油 150C.C.、
　　牛奶 200C.C.

B　松露油 10C.C.

調味料

A　黑菌白蘑菇醬 50 公克

B　海鹽 2 公克、白胡椒粉 1 公克

作法

1　將材料 A 放入湯鍋混合拌勻,加入所有調味料,邊加熱邊拌勻,使調味料及味道能完全融合。

2　松露油於製作完成前再淋入,拌勻即可。

因為有加鮮奶油,所以建議盡快使用完畢,冷藏保存
時間以 5 天內為佳。

取松露奶泡醬汁時,溫度需介於 60 ~ 70℃為最佳打
出綿密泡沫的溫度點;可放於電磁爐上,以隔水加熱
方式加溫,溫度較好掌控。

醬汁可用打蛋器、手持式電動攪拌機或果汁機操作,
可打出較細緻綿密的泡沫。

南法麵餃松露奶泡醬

份量　4人份

材料

A 新鮮蟹腿肉 80 公克、新鮮草蝦仁 80 公克、
　　蛤蠣 50 公克、蛋 1 顆

B 餛飩四方皮 16 張、洋蔥 30 公克、蒜頭 20 公克、
　　甜椒 50 公克、洋菇 50 公克、牛番茄 1 顆

C 彩色食用花 1 公克、黑松露 4 片、歐芹葉 2 公克

調味料

A 南法松露奶泡醬 10 公克

B 海鹽 2 公克、粗白胡椒粉 1 公克

C 白酒 50C.C.、橄欖油 30C.C.

作法

1 將草蝦去除沙筋剁成泥狀，加入 1 顆蛋白、調味料 B 甩打出筋；蟹腿肉切丁，與草蝦泥混合拌勻備用。

2 洋蔥、蒜頭切粗碎；甜椒烘烤（或碳烤）去皮切小丁；洋菇切小丁；牛番茄汆燙去皮去籽切小丁；歐芹葉切粗碎，
　備用。

3　蛤蠣加少許水，用鍋子燜煮成高湯，並過濾取汁備用。

4　準備一個平底鍋，拌炒作法 2 材料，並倒入白酒去酸後，
　　加入作法 3 的高湯，續煮至濃縮並調味後放冷備用。

5　將作法 1 和 4 材料混合，並加入橄欖油，混合拌勻即為
　　餡料。

6　取一張餛飩皮，中間放置作法 5 的餡料，上面再放一張
　　餛飩皮，用圓形圈模壓成型，四周捏緊後，依序完成全
　　部餃子包覆。

7　將餃子放入滾水中煮熟，取出瀝乾水分後盛入平盤內，
　　淋上加熱至 60 ～ 70℃打出泡沫的南法松露奶泡醬，裝
　　飾食用花、黑松露片與歐芹葉碎即可。

> Chef's Tips
>
> 四方餛飩皮較易取得，市售亦有義大利餃
> 皮可供選擇，但價位較高，口感也略有不
> 同。

烤生火腿蘆筍淋松露奶泡醬

份量　4人份

材料	調味料
A　帕瑪生火腿 20 公克	**A**　南法松露奶泡醬 20 公克
B　白蘆筍 4 根、小紅番茄 5 顆	**B**　海鹽 1 公克、粗白胡椒粉 1 公克、橄欖油 50C.C.、無鹽奶油 10 公克、動物性鮮奶油 50C.C.
C　彩色食用花 2 公克、蝦夷蔥 2 公克、黑松露數片	**C**　濃縮陳年酒醋 5C.C.

作法

1　1將白蘆筍根部切下 3 公分（剩餘蘆筍前段留於作法 5 烹調），再削去根部纖維；準備一平底鍋，放入白蘆筍，加水淹過即可，加蓋，開小火燜煮熟軟後取出蘆筍，湯汁留下備用。

2　小紅番茄汆燙後，番茄皮往上翻，把汁和籽擠出，擦乾水分，放於烤箱網架，送進烤箱，以低溫 30℃ 烘烤至風乾，取出後拌入橄欖油備用。

3 蝦夷蔥切小珠狀；生火腿放入烤箱，以 150℃烤約 8 分
   鐘，取出後放涼，用手撕成小片狀，備用。

4 將作法 1 切下的蘆筍與剩餘湯汁、鮮奶油用果汁機打成
   泥狀，倒入湯鍋，加入調味料 B 加熱，拌勻成醬汁。

5 將作法 1 留下的蘆筍前段，用平底鍋煎至兩面上色；準
   備一平盤，先將作法 4 醬汁鋪底，再放上煎好的蘆筍，
   接著擺上作法 2 和 3 食材。

6 最後以松露、食用花點綴，淋上陳年酒醋，並淋上加熱
   至 60 ～ 70℃打出泡沫的南法松露奶泡醬即完成。

Chef's Tips

進口白蘆筍產季為 2 ～ 4 月（本產白蘆筍
為 3 ～ 8 月），應選用較大根的，口感及
味道會比較香甜。

風乾番茄因需放入烤箱，以上、下火
30℃低溫風乾 10 小時以上，若沒有時間
親手做，建議可買市售風乾番茄取代。

🜁 南法鄉村菌菇烘蛋松露奶泡醬

份量　4人份

<table>
<tr><td>材料</td><td>調味料</td></tr>
</table>

材料

A 土雞蛋4顆、白吐司2片、
新鮮百里香2公克、歐芹葉2公克

B 蒜頭20公克、
紅蔥頭10公克、洋蔥50公克、
新鮮波特菇80公克、新鮮洋菇80公克、
冷凍牛肝菌菇10公克、小紅番茄3顆、
小黃番茄3顆

調味料

A 南法松露奶泡醬20公克

B 海鹽2公克、粗白胡椒粉1公克

C 雪莉酒30C.C.、橄欖油30C.C.、
雞高湯100C.C.、動物性鮮奶油80C.C.、
無鹽奶油20公克

作法

1 準備一個黑鐵平底鍋，表層抹上一層無鹽奶油，均勻撒上調味料B，再將土雞蛋打入，放進烤箱，以
185℃，烘烤約5分鐘至蛋白熟蛋黃不熟狀態，取出備用。

2 菇類切片狀；蒜頭、紅蔥頭、洋蔥切碎丁；所有小紅番茄汆燙後切對半、去皮去籽；百里香取葉；歐芹葉洗淨，
備用。

3   鍋子倒入 20C.C. 橄欖油加熱，先炒香作法 2 材料，倒入雪莉酒去酸，再加入雞高湯、鮮奶油並調味，煮至微稠狀熄火，加入無鹽奶油拌融化。

4   白吐司切邊，用圈模壓成圓形，吐司表面抹上剩餘橄欖油，撒上百里香葉，送進烤箱，以 160℃烤約 3 分鐘至上色即可。

5   將作法 3 材料盛入作法 1 材料內，再淋上打出泡沫的松露奶泡醬，用歐芹葉裝飾，並搭配烤上色的吐司一起食用即可。

> **Chef's Tips**
>
> 烘蛋料理是指蛋黃盡量不要全熟，因為半熟的蛋黃液與醬汁混合後風味更佳。
>
> 此料理可加入肉類或海鮮一起烹調，即成一道主菜。

西班牙番紅花醬

番紅花為昂貴香料之一,市售分為粉狀與絲狀,色呈紅色,經料理遇液體則呈鮮黃色,搭配西式香草植物、紅蔥頭、蒜頭及洋蔥,產生濃郁特殊好風味。

適合料理·海鮮、米食、麵類、蔬菜　烹調方式·淋醬、燉煮、焗烤
保存期限·冷藏保存為 5 天(不建議冷凍保存,醬汁內有含蔬菜會出水)份量·1,000 公克

	材料		調味料
A	洋蔥碎 50 公克、蒜頭碎 10 公克、 紅蔥頭碎 10 公克	A	白酒 100C.C.、魚高湯 1000C.C.、 無鹽奶油 50 公克
B	乾燥番紅花絲 2 公克、新鮮百里香 葉 1 公克、乾燥月桂葉 1 片	B	鹽適量、白胡椒粉適量、 動物性鮮奶油 100C.C.
C	低筋麵粉 80 公克		

作法

1　將番紅花絲加入白酒,以小火煮滾後,熄火,浸泡 20 分鐘備用。

2　準備一個湯鍋,加入奶油,開小火,先加入材料 A 炒香軟後,再放入月桂葉、百里香葉繼續炒香。

3 將低筋麵粉過篩後倒入作法 2 拌炒 3 分鐘，加入作法 1 材料，並將魚高湯慢慢倒入，過程中用打蛋器不停攪拌使其成稠狀。

4 將調味 B 加入作法 3 中，，以小火拌煮約 15 分鐘至濃稠，並把麵粉味道去除即完成。

:
: Chef's Tips
:

此醬汁通常不建議煮太多量，至於多少可依材料配方減除，才不會導致味道改變。

醬汁的濃度可依加入魚高湯的份量來決定。

所製成醬汁不宜久放，且必須存放於冷藏室，保存期限為 3 ～ 5 天，或真空包裝浸泡於冰水中。

西班牙番紅花醬燉飯

份量　4人份

材料

A 熟淡菜 100 公克、草蝦仁 80 公克、蟹腳肉 50 公克、
蛤蠣 150 公克

B 義大利米 100 公克、綠蘆筍 50 公克、
牛番茄 50 公克、甜椒 50 公克、洋蔥 80 公克、
蒜頭 20 公克

C 新鮮迷迭香 3 公克、歐芹 3 公克

調味料

A 西班牙番紅花醬 80 公克

B 海鹽 2 公克、白胡椒粉 1 公克

C 無鹽奶油 10 公克、白酒 50C.C.、
蛤蠣高湯 300C.C.

D 動物性鮮奶油 50C.C.、起司粉 30 公克

作法

1　將義大利米洗淨，泡冷水 20 分鐘後，瀝乾水分備用。

2　蛤蠣洗淨、吐沙，以等重量 2 倍水煮成高湯，過濾後留下湯汁，並取出蛤蠣肉備用。

3　洋蔥、蒜頭去皮後切粗碎；綠蘆筍、牛番茄與甜椒切小丁；迷迭香取葉切小段；歐芹切碎，備用。

4　起鍋，以無鹽奶油炒香洋蔥碎、蒜頭碎後，加入白酒微煮去酸。

5　接著加入作法 1 材料及 100C.C. 的蛤蠣高湯、迷迭香葉，最後加少許調味料 B 拌勻，蓋鍋蓋，送入烤箱，以 160℃烤 10 分鐘成為香草飯。

6　將草蝦仁與蟹腳肉、淡菜以少許調味 B 拌勻，以中火煎烤至上色，加入作法 5 材料及 100C.C. 蛤蠣高湯，燉煮 2 分鐘。

7　接著加入西班牙番紅花醬、蔬菜丁拌煮成稠狀，加入少許調味 B，並加鮮奶油拌勻，盛盤，最後撒上歐芹碎、起司粉即完成。

Chef's Tips

使用義大利米口感較道地；若不好購買，也可用白米替代。
牛番茄建議先汆燙過後，去皮、去籽，口感較佳。
燉飯口感必須粒粒分明，燉煮火候不宜過大也不宜煮太久。

香煎大蝦淋西班牙番紅花醬

份量　4人份

材料	調味料
A　虎斑蝦 4 隻	**A**　西班牙番紅花醬 30 公克
B　綠節瓜 80 公克、白精靈菇 50 公克、黃甜椒 80 公克、紅甜椒 80 公克、帶皮蒜頭 30 公克、小辣椒 1 根、新鮮迷迭香 5 公克	**B**　海鹽 2 公克、粗黑胡椒粉 2 公克
	C　橄欖油 30C.C.、白酒 30C.C.

作法

1　將虎斑蝦去殼，取沙筋並留頭、尾部後，加入少許調味料 B、迷迭香、白酒、5C.C. 橄欖油，醃漬 30 分鐘備用。

2　所有甜椒、綠節瓜分別切 2 公分大丁；小辣椒切圈狀；白精靈菇切段，備用。

3　取一個平底鍋，炒香帶皮蒜頭、作法 2 材料，並以少許
　　調味後取出，拌入 5C.C. 橄欖油即為配菜。

4　平底鍋倒入剩餘 20C.C. 橄欖油加熱，將虎斑蝦放入平
　　底鍋，兩面煎上色並熟透。

5　將作法 3、4 材料盛入盤，淋上加熱的西班牙番紅花醬
　　即可。

┌─────────────────────────────┐
│ ⋮ Chef's Tips   │
│   │
│ 虎斑蝦可用草蝦或龍蝦替代。   │
│   │
│ 帶皮蒜頭味道較香，且烹煮過程有外皮包│
│ 覆，會呈現外皮上色，內蒜肉香軟的料理│
│ 方式。   │
└─────────────────────────────┘

烤培根帆立貝淋番紅花醬

份量　4 人份

材料

A　培根肉片 4 片、北海道帆立貝 8 顆、
　　馬鈴薯 1 顆

B　小紅番茄 50 公克、紅蘿蔔 80 公克、
　　白蘿蔔 80 公克、美國蘆筍 80 公克

C　新鮮百里香葉 1 公克、歐芹葉 2 公克

調味料

A　西班牙番紅花醬 30 公克

B　海鹽 2 公克、粗黑胡椒粉 1 公克、
　　白酒 20C.C.

C　無鹽奶油 40 公克、荳蔻粉 0.5 公克、
　　橄欖油 30C.C.、動物性鮮奶油 30C.C.

作法

1　將帆立貝加調味料 B、百里香葉，醃漬 20 分鐘備用。

2　培根肉片切一半，鋪上醃漬好的帆立貝，捲緊，用鐵串或長竹籤串起備用。

3　將紅蘿蔔、白蘿蔔、蘆筍切大丁或挖圓球狀；歐芹葉洗淨，備用。

4　馬鈴薯帶皮放入滾水，以中火煮約 20 分鐘，撈起、去皮，趁熱加入 10 公克無鹽奶油、少許海鹽及動物性鮮奶油搗成泥狀，即為薯泥備用。

5　煮一鍋滾水，加入少許鹽及 30 公克無鹽奶油，以中小火煮成奶油液，放入所有材料 B 煮熟透，撈起瀝乾水分即為配菜。

6　準備一個平底鍋，倒入橄欖油加熱後，將作法 2 材料煎至兩面上色，待外表酥脆熟透，盛盤，並將作法 4、5 配菜一起擺上，淋上加熱後的西班牙番紅花醬，最後以歐芹葉裝飾即可。

Chef's Tips

帆立貝可用白肉魚類替代，例如：鱈魚。

馬鈴薯除了水煮之外，也可去皮、切塊，用電鍋蒸熟透。

香蔥白酒奶油醬

淡淡葡萄酒香與味道濃郁的鮮奶油，加上蔬菜天然甜味，結合成口感細緻滑順的多層次味蕾醬汁。

適合料理·肉類、海鮮、蔬菜、菌菇、米食　烹調方式·淋醬、拌炒、焗烤、燜煮

保存期限·冷藏保存為 7 天　份量·1,000 公克

材料

A　洋蔥碎丁 100 公克、紅蔥頭碎丁 30 公克、蒜頭碎丁 30 公克

B　乾月桂葉 2 片、新鮮百里香 2 公克、蝦夷蔥碎丁 5 公克

調味料

A　沙拉油 30C.C.、白酒 100C.C.、無鹽奶油 50 公克、低筋麵粉 100 公克、雞高湯（或水）1000C.C.、
動物性鮮奶油 100C.C.

B　海鹽 3 公克、白胡椒粉 1 公克

作法

1　準備一個湯鍋，倒入沙拉油，加入材料 A，開小火，炒香但不上色（圖 1）。

2　加入月桂葉、新鮮百里香，續炒至釋放香氣（圖 2）。

3　倒入料理白酒續煮至濃稠達去酸備用（圖 3）。

4　接著放入無鹽奶油，以小火煮至融化，分次加入過篩的低筋麵粉，邊加入邊以木匙拌炒至呈麵糊狀（圖 4）。

5　慢慢倒入雞高湯（或水），並加入 1/2 份量調味料 B，改用打蛋器攪拌（圖 5），煮約 20 分鐘至濃稠（圖 6）。

6　接著倒入鮮奶油，換木匙攪拌煮約 20 分鐘（圖 7），此刻可視情況決定加入剩餘調味料 B 的份量，熄火。

7　撈除乾月桂葉、新鮮百里香（圖 8）。

8　趁熱將蝦夷蔥碎丁加入作法 7 鍋中（圖 9），輕輕拌勻即可。

Chef's Tips

作法 5 改用打蛋器攪拌，可充分拌勻醬材料，並將附著於鍋邊四周的材料刮下。

調味料 B 可分兩次加入，第一次會在非濃稠時加入一半量，待烹煮完成時，可先嚐嚐味道，再視情況斟酌添加量。

本醬不宜冷凍保存，建議一次不宜製作太多，蝦夷蔥碎丁不宜放置醬汁中過久，容易氧化變色；若立刻使用，可待調味後加入。

濃稠醬汁的烹調重點需掌握烹煮過程的火候不宜太大，並且需邊煮邊攪拌，才不會有焦味產生。

香蔥白酒奶油醬家常海鮮義麵

份量　4人份

材料

A　義大利細麵 300 公克、白蝦 10 隻、
　　烏賊 100 公克、蛤蠣 100 公克、
　　小紅番茄 50 公克

B　洋蔥 100 公克、蒜頭 20 公克、
　　紅蔥頭 20 公克

C　蝦夷蔥 10 公克、歐芹葉 1 根

調味料

A　香蔥白酒奶油醬 100 公克

B　海鹽 1 公克、沙拉油 50C.C.

C　白胡椒粉 0.5 公克、動物性鮮奶油 50C.C.、
　　雞高湯 100C.C.、無鹽奶油 10 公克

D　白酒 50C.C.、起司粉 10 公克、
　　粗黑胡椒粉 1 公克

作法

1　煮一鍋水至滾，加入調味料 B，放入義大利細麵，以中大火拌煮約 2 分鐘，撈起後瀝乾水分備用。

2　將材料 B 分別切約 0.2 公分碎丁；小紅番茄切半，去除籽及汁，備用。

3　白蝦去殼及腸泥，需留下頭、尾部；烏賊清除內臟，切圈狀；蛤蠣洗淨，吐沙，備用。

4　準備一個平底鍋，倒入 30C.C. 沙拉油熱鍋，放入作法 2 材料，以中火慢炒至上色，加入作法 3 材料續炒，倒入白酒去酸。

5　加入其他調味料 C，放入義大利細麵拌炒約 2 分鐘至均勻，最後撒上材料 D 即可盛盤。

Chef's Tips

小紅番茄可先汆燙去皮、去籽，口感會較佳。

拌炒義大利麵必須保留少許液體醬汁，食用時較爽口不乾澀。

水煮完成的義大利細麵，若未立即烹煮，可加入少許沙拉油拌勻，才不會黏在一起。

烤鱸魚淋香蔥白酒奶油醬

份量　4人份

<table>
<tr><td colspan="2">材料</td><td colspan="2">調味料</td></tr>
</table>

	材料		調味料
A	鱸魚菲力肉片 2 片、培根肉片 8 片	**A**	香蔥白酒奶油醬 80 公克
B	新鮮洋菇 50 公克、綠節瓜 50 公克、甜椒 50 公克	**B**	海鹽 2 公克、粗黑胡椒粉 2 公克、白酒 30C.C.
C	新鮮香菇片 50 公克、小紅番茄 6 顆	**C**	橄欖油 50C.C.
D	新鮮百里香 1 公克、月桂葉 2 片、黃檸檬 1/4 顆		

作法

1　鱸魚菲力肉片均勻撒上一半的調味料 B，將培根片包裹在魚肉上，用烤或油煎方式使其上色並熟透。

2　材料 B 蔬菜切 2 公分大丁；小紅番茄整顆與月桂葉、百里香葉放入容器中，加入前項蔬菜丁，撒上剩餘調味料 B，並淋上橄欖油拌勻，再置於耐烤容器。

3 將耐烤容器移入烤箱，以170℃烘烤約5～7分鐘上色，
   取出盛入瓷盤，當作配菜。

4 將作法1鱸魚菲力肉片放於作法3盤中，淋上加熱後的
   香蔥白酒奶油醬，以檸檬切舟狀裝飾即可。

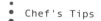

Chef's Tips

需選擇肉質較細緻的白肉魚類烹調為佳，
例如：鱸魚、午仔魚或黑格魚。

香蔥白酒奶油醬菌菇貝殼麵

份量　4人份

材料

A 小貝殼義大利麵 150 公克、義大利臘腸 2 根

B 美白菇 50 公克、鴻喜菇 50 公克、
新鮮洋菇 50 公克

C 綠花椰菜 50 公克、牛番茄 1 顆、蘆筍 50 公克

D 洋蔥 50 公克、蒜頭 10 公克、蝦夷蔥 2 公克

調味料

A 香蔥白酒奶油醬 100 公克

B 海鹽 2 公克、橄欖油 30C.C.

C 白酒 50C.C.、雞高湯 100C.C.、
無鹽奶油 20 公克

D 粗白胡椒粉 2 公克、起司粉 10 公克

作法

1　煮一鍋水至滾，加入調味料 B，放入小貝殼麵，以中大火拌煮 6 分鐘，撈起後瀝乾水分備用。

2　材料 B 所有菇類切 1 公分小丁；牛番茄去籽，切 1 公分
　　小丁；臘腸、蘆筍切小段；洋蔥、蒜頭切粗碎；綠花椰
　　菜分成小朵；蝦夷蔥切小段，備用。

3　取一個平底鍋，冷鍋冷油開小火，炒香蒜碎、洋蔥碎，
　　加入臘腸、菇類炒香，再加入材料 C 續炒均勻。

4　倒入白酒去酸，再加入雞高湯、作法 1 小貝殼麵拌煮均
　　勻且香味釋出，加入調味料 A 煮至湯汁為稠狀。

5　加入無鹽奶油，熄火，迅速拌勻，盛盤，均勻撒上調味
　　料 D，以蝦夷蔥裝飾即可。

Chef's Tips

綠花椰菜又稱青花菜；義大利臘腸可用火
腿或培根肉代替。

此道料理的食材及醬汁，適用於各種義大
利麵料理。

香蔥白酒奶油醬燉帶骨羊膝

份量　4人份

材料	調味料
A　帶骨羊膝 600 公克	**A**　香蔥白酒奶油醬 150 公克
B　西洋芹 100 公克、紅蘿蔔 150 公克、 　　彩椒 50 公克、小紅番茄 6 顆	**B**　海鹽 2 公克、粗白胡椒粉 2 公克、 　　中筋麵粉 50 公克、白酒 50C.C.
C　洋蔥 100 公克、蒜頭 30 公克、紅蔥頭 30 公克	**C**　海鹽 2 公克、粗白胡椒粉 2 公克、 　　橄欖油 25C.C.
D　月桂葉 3 片、新鮮百里香 3 公克、歐芹葉 3 公克	**D**　雞高湯 1000C.C.、無糖鮮奶油 100C. 　　C.、橄欖油 25C.C.、白酒 50C.C.

作法

1　帶骨羊膝均勻撒上調味料 B 的海鹽、粗白胡椒粉，並加入 50C.C. 白酒醃漬 24 小時後，取出後沾裹一層麵粉，
　　放入平底鍋，煎至兩面上色備用。

2　西洋芹、紅蘿蔔、洋蔥去皮後切大丁；彩椒切大丁；蒜頭、紅蔥頭切粗碎；小紅番茄帶蒂頭加入調味料 C 拌勻，以烤或煎熟備用。

3　準備一個湯鍋，倒入調味料 D 的橄欖油，放入蒜頭碎、洋蔥丁炒香，依續加入西洋芹、紅蘿蔔、黃甜椒炒香，再放入百里香及月桂葉，倒入 50C.C. 白酒去酸。

4　再倒入雞高湯及煎上色的羊膝，蓋上鍋蓋，以小火燜煮約 1.5 小時至熟透且軟嫩，熄火。

5　將作法 4 完成的材料撈起後濾除湯汁，將羊膝等食材放入另一個湯鍋中，加入香蔥白酒奶油醬，以小火拌煮至滾。

6　加入鮮奶油拌勻，盛盤，放上小紅番茄及歐芹葉即可。

Chef's Tips

羊膝需長時間燉煮，口感才會軟嫩，蓋上鍋蓋目的是可縮短烹調時間，讓肉質不會愈煮愈老。

義大利陳年酒醋醬

與紅酒一樣，在橡木桶內陳年存放，有著濃濃果香及獨特的橡木桶味道，色呈黑色，味酸但有層次感。

適合料理·肉類、海鮮、水果、蔬菜、米食　烹調方式·涼拌、淋醬、拌炒

保存期限·開瓶，常溫可保存半年；未開瓶，常溫可保存 1～3 年　份量·100 公克

【液態醬】

A 義大利陳年酒醋 50C.C.、
　　 初榨橄欖油 150C.C.

B 海鹽 1 公克

【濃稠醬】

A 義大利陳年酒醋 300C.C.、乾燥月桂葉 1 片

B 細砂糖 50 公克、義大利香料 1 公克

作法

【液態醬】

1　準備一個玻璃（或瓷製容器），不可殘留水分，將陳年酒醋：橄欖油 =1：3 的比例倒入容器中，用打蛋器輕拌稠化成為醬汁。

2　再依個人口味加入適量海鹽即可。

【濃稠醬】

1　準備一個不鏽鋼小鍋,將陳年酒醋、月桂葉、細砂糖、義大利香料加入鍋中,混合拌勻。

2　將小鍋放在電磁爐上,以小火加熱至醬汁濃縮至原有量的 1/3 份量稠狀,味道將更濃郁,撈除月桂葉即可使用。

Chef's Tips

醬汁的作法有兩種,簡易的液態醬、濃郁的濃稠醬,圖片所示為液態醬,可隨個人喜好挑選作法。(液態醬的比例為陳年醋 1 比橄欖油 3 拌勻)

使用電磁爐溫度較易控制,具有定溫效果。

也可以不鏽鋼鍋具烹調,小火加熱至醬汁濃縮狀態,但必須不斷攪拌,否則容易焦底。

醬汁可存放於冰箱冷藏,建議一次煮的量不宜過多。

北非米季蔬淋陳年酒醋醬

份量　4人份

材料

A　北非米100公克、紅甜椒80公克、黃甜椒80公克、
　　牛番茄1顆、綠節瓜80公克、新鮮香菇50公克、
　　冷凍新鮮牛肝菌菇20公克（一朵）

　　　　　B　新鮮薄荷葉5公克

調味料

A　濃稠狀義大利陳年酒醋醬5公克

B　橄欖油30C.C.、海鹽1公克、
　　粗黑胡椒粉1公克

作法

1　準備一鍋水（與北非米等量的水），加熱至滾，放入3公克新鮮薄荷葉，以小火煮3分鐘，熄火後過濾取汁，
　　與北非米充分拌勻，蓋上鍋蓋，燜5分鐘即可。

2　冷凍新鮮牛肝菌解凍，切對半並以鹽、胡椒調味，熱鍋煎熟即可。

3　將所有甜椒、綠節瓜、牛番茄切厚片狀；香菇剪去蒂頭，加入調味料 B 拌勻，醃漬 10 分鐘，熱鍋煎熟，將所有配菜切小丁狀。

4　將醃漬完成的蔬菜放入平底鍋，蓋上鍋蓋，以中火燜煎至兩面上色且熟透，時間約 5 分鐘，取出後再切細丁狀備用。

5　將作法 1、3 材料混合拌勻，並加入撕碎的薄荷葉，加入海鹽調味即可盛盤，再淋上濃稠狀義大利陳年酒醋醬即完成。

Chef's Tips

若沒有北非米，可用其它穀類代替，例如：白薏仁。 白薏仁色澤白，營養價值高，取得容易，與此醬汁及蔬菜搭配，不論口味、色澤的搭配都極佳。

此圖片上為新鮮爐燒牛肝菌菇，也可用其他菇類替代。

嫩煎脆皮雞肉卷佐陳年酒醋醬

份量　4人份

材料

A　去骨雞腿肉 2 隻、培根肉 10 片

B　帶蒂頭小紅番茄 80 公克、帶皮玉米筍 4 根、蘋果 2 顆、新鮮洋菇 100 公克、新鮮百里香 2 公克

C　保鮮膜 1 大張、鋁箔紙 1 大張

調味料

A　濃稠狀義大利陳年酒醋醬 5 公克

B　初榨橄欖油 30C.C.

C　海鹽 2 公克、粗黑胡椒粉 1 公克、玉桂粉 1 公克、白蘭地酒 10C.C.、無鹽奶油 10 公克

D　橄欖油 30C.C.、百里香葉 2 公克、海鹽 1 公克、粗黑胡椒粉 1 公克

作法

1　將去骨雞腿肉洗淨，擦乾水分，修平多餘肉使其平整，以 1 公克海鹽、1 公克百里香葉、2 公克粗黑胡椒粉調味備用。

2　蘋果去皮、去籽，切 0.5 公分小丁狀。準備一個鍋子，加入 10 公克無鹽奶油及切好的蘋果丁，以小火拌炒至軟嫩，倒入白蘭地酒，點火讓酒精揮發再以 1 公克海鹽及玉桂粉調味。

3　再準備一個鍋子，將洗淨的洋菇、帶蒂頭小紅番茄、帶皮玉米筍放入鍋中，加入調味料 D 拌炒上色，製作成配菜。

4　將保鮮膜鋪於砧板上，再平鋪 5
　片培根肉片，彼此相疊成一大片
　當底，把適量作法 1 材料放上，
　加入適量作法 2 材料捲緊實，
　外面再用鋁箔紙捲緊、定型，依
　序完成另一卷，放入滾水烹煮約
　10 分鐘後撈起。

5　將煮好的雞肉卷立刻泡入冰水冰
　鎮，待冷卻後取出雞肉卷，用平底
　鍋煎至培根表面上色、酥脆即可。

6　準備一平盤，放上作法 3 配菜，
　再將作法 5 材料切圓圈狀擺上，
　最後淋上濃稠狀義大利陳年酒醋
　醬即完成。

Chef's Tips

建議將煎上色的培根雞肉卷放入烤箱，以 160℃烤 5 分鐘熟透，若直接煎熟，肉質
較容易變老。煎熟取出的雞肉卷，靜置 3 分鐘後再拆封、切割，湯汁才不易流出。

烹煮蘋果餡時，用點火的方式將酒精揮發，是醬料調製中的一種方法，因酒成分少
揮發快，不具危險性，且會保留獨特的酒香。

選用初榨橄欖油用意在於：是第一道壓榨出來的，味道上較為香醇；選用進口的較
佳，皆有標示在瓶上。

義大利羅勒起司番茄陳年酒醋醬

份量　4人份

材料	調味料
A　新鮮馬札瑞拉起司球 80 公克	**A**　液態狀義大利陳年酒醋 10C.C.
B　紅色小紅番茄 50 公克、黃色小紅番茄 50 公克、新鮮羅勒葉 2 公克、烤熟松子 30 公克	**B**　橄欖油 50C.C.、海鹽 1 公克、粗黑胡椒粉 1 公克
C　新鮮羅勒適量	

作法

1　將小紅番茄去蒂頭、洗淨，用小刀於底部劃十字（以利汆燙後好去皮）。

2　煮一鍋水，待水煮滾，將小紅番茄放入煮約 15 秒，迅速撈起後泡入冰水冰鎮並去皮備用。

3　羅勒取下葉子部分，洗淨後晾乾，用手撕成粗碎狀備用。

4 準備一個瓷碗，將液態狀義大利陳年酒醋、調味料 B 混合，用打蛋器拌勻成醬汁。

5 將馬札瑞拉起司球及作法 2、3 材料混合，盛入沙拉碗或寬口杯中，淋上作法 4 醬汁，再撒上烤熟松子，以材料 C 的羅勒裝飾即可。

Chef's Tips

羅勒葉可用九層塔葉替代。

馬札瑞拉起司球用新鮮水牛乳酪起司切塊或切大丁狀皆可。

歐陸野菌黃菇醬

產於歐洲野生乾黃菇，有著濃郁且深層的果香，與鮮奶油及紅酒、雞高湯經小火熬煮，色呈黃褐色，味道非常特別且香濃。

適合料理·肉類、菌菇、米麵食　烹調方式·淋醬、拌炒、低溫熬煮

保存期限·冷藏保存為 7 ～ 10 天，冷凍保存 1 個月。如有真空包裝保存可延長一倍　份量· 500 公克

材料

A　乾黃菇 30 公克、洋蔥 100 公克、紅蔥頭 30 公克、蒜頭 10 公克、乾燥月桂葉 2 片

調味料

A　無鹽奶油 50 公克、低筋麵粉 80 公克、雞高湯（或水）500C.C.

B　海鹽 3 公克、白胡椒粉 1 公克

C　沙拉油 30C.C.、紅酒 100C.C.

D　動物性鮮奶油 200C.C.（註）、牛奶 100C.C.

註　鮮奶油有植物性（甜點用）和動物性（烹飪用）之分

作法

1 乾黃菇泡水洗淨，尤其根部會有沙子，浸泡於等量冷水中 3 小時待乾黃菇軟化（圖 1）；洋蔥、紅蔥頭與大蒜切碎丁，備用。

2 準備一個湯鍋，以小火先將無鹽奶油融化，再將過篩的低筋麵粉倒入湯鍋，拌炒均勻（圖 2）。

3 將雞高湯或水慢慢倒入，過程中使用打蛋器持續攪拌（圖 3）。

4 待醬汁濃稠後，加入 1/2 份量海鹽、白胡椒粉調味（圖 4），以小火拌煮 20 分鐘即可熄火。

5 另取一鍋，將沙拉油倒入鍋內，炒香洋蔥、紅蔥頭、蒜頭碎丁及月桂葉（圖 5）。

6　加入紅酒，續煮去酸（圖6、7）。

7　接著將作法1的食材連同黃菇水、材料D一起倒入鍋中（圖8、9）。

8　視情況加入剩餘海鹽、白胡椒粉，以小火煮20分鐘，以木匙攪拌均勻（圖10），以小火煮出香氣即可。

> •
> • Chef's Tips
> •
>
> 作法 8 的部分屬濃稠醬汁，過程中都需攪拌，因為易
> 燒焦，如有顆粒狀可於完成後用濾網過篩。
>
> 建議冷鍋倒入沙拉油，以冷油炒香材料 A，再開小火拌
> 炒，才易炒出香味並且不易燒焦。

噶瑪蘭豬佐歐陸野菌黃菇醬

份量　4人份

材料

A　噶瑪蘭豬帶骨肋排 2 片（1 片約 150 公克）

　　B　蘋果 1 顆、綠花椰菜 50 公克、
　　高麗菜 100 公克、小紅番茄 5 顆、
　　紅蘿蔔 50 公克

　　　　C　歐芹葉 5 公克、
　　　　新鮮迷迭香 3 公克

調味料

　A　歐陸野菌黃菇醬 50 公克

　　B　牛奶 200C.C.、楓糖漿 10 公克、
海鹽 2.5 公克、粗黑胡椒粉 3 公克、精鹽 2 公克、
花生油 10C.C.、橄欖油 10C.C.、
美奶滋 80 公克、白胡椒粉 1 公克

　　C　白砂糖 30 公克、白蘭地酒 10C.C.、
法式芥末醬 5 公克

作法

1　將豬排浸泡牛奶 24 小時後取出，擦拭水分，加入楓糖漿、迷迭香、2 公克海鹽、2 公克粗黑胡椒粉調味，醃漬 60 分鐘待入味。

2　將入味的豬排以碳烤或油煎方式上色後，再送入烤箱，以上火 180℃、下火 180℃烤約 15 分鐘至熟透備用。

3 蘋果帶皮切舟、去籽。另取一個不鏽鋼鍋，將細砂糖放入鍋中，以小火煮成焦化，加入蘋果、白蘭地酒及50C.C.水，蓋上鍋蓋，以小火燜煮上色且軟嫩，熄火。

4 高麗菜、紅蘿蔔切絲狀，加入少許精鹽搓揉出水，擠乾水分，加入美奶滋、花生油、白胡椒調味。

5 小紅番茄帶蒂頭，用 0.5 公克海鹽、0.5 公克黑胡椒粉、橄欖油調味，以碳烤或煎熟透。綠花椰菜取下一朵朵，洗淨，汆燙熟透，加入調味即為配菜。

6 準備一平盤，將所有食材放上，淋上加熱後的歐陸野菌黃菇醬，附上法式芥末醬，用歐芹葉裝飾即可。

•
• Chef's Tips
•

噶瑪蘭豬是本產黑豬肉品種，因其油花分布均勻，肉質軟嫩，且食用時肉汁香甜，不會有豬肉腥羶味。

精鹽顆粒較細，加入 4 材料內能加速蔬菜出水軟化。

配菜在烹調前醃味道，主要是烹調時味道更有層次，更能拉近與主食材間的味道相容。

歐陸野菌黃菇醬燉飯

份量　4人份

材料

A　生干貝 4 顆

B　義大利米 100 公克、新鮮洋菇 50 公克、
新鮮香菇 50 公克

C　洋蔥 80 公克、蒜頭 10 公克、紅蔥頭 10 公克

D　新鮮迷迭香 3 公克、乾燥月桂葉 2 片、
歐芹葉碎 3 公克　**E**　鋁箔紙 1 大張
（以能覆蓋鍋子大小即可）

調味料

A　歐陸野菌黃菇醬 80 公克

B　無鹽奶油 30 公克（註）、雞高湯 100C.C.、
橄欖油 20C.C.、動物性鮮奶油 50C.C.、
起司粉 30 公克、
濃稠狀義大利陳年酒醋醬 5C.C.

C　海鹽 2 公克、粗黑胡椒粉 2 公克

註　奶油分有鹽與無鹽兩種

作法

1　將義大利米洗淨，泡水 20 分鐘，瀝乾水分；洋菇、香菇切小丁；洋蔥、蒜頭、紅蔥頭切粗碎丁，備用。

2　取一個不鏽鋼湯鍋，加入 15 公克奶油，以小火加熱至融化，放入材料 C 炒香軟，再加入迷迭香、月桂葉及菇類，一起炒香。

3 再倒入泡軟的義大利米、雞高湯，
   加入 1 公克海鹽、1 公克粗黑胡椒
   粉調味，煮至湯汁漸收乾，熄火。

4 取一張鋁箔紙覆蓋作法 3 材料，
   移入烤箱，以上火 200℃、下火
   200℃烤 10 分鐘至熟。

5 生干貝洗淨，擦拭水分，均勻撒上
   剩餘調味料 C，放入加 20C.C. 橄
   欖油的平底鍋，以中小火煎至兩面
   上色，大約 5 分熟即可。

6 準備一個鍋子，將作法 3 材料加入
   鍋中，並加入歐陸野菌黃菇醬及鮮
   奶油、起司粉調味，邊加熱邊攪拌
   均勻，熄火，起鍋前加入歐芹葉碎
   及 15 公克無鹽奶油快速拌勻即可。

7 取一個瓷盤，畫上濃稠狀義大利陳
   年酒醋醬，再將作法 6 食材盛入，
   放上煎好的干貝即完成。

: Chef's Tips

濃稠狀義大利陳年酒醋醬 5 公克，配方和作法請見 p.116〈義大利陳年酒醋醬〉。

義大利米口感較扎實，亦可用一般壽司米替代。

黃菇為歐洲產的菇類，具有濃濃果香，此道醬汁不建議用其他菇類料理。

覆蓋鋁箔紙或鍋蓋也可以，但一般家庭鍋蓋有的是不耐熱材質，不適合放入烤箱加熱，
建議用鋁箔紙做烹調較為安全。

鳥巢寬麵燻雞野菌黃菇醬

份量　4人份

材料

A　燻雞胸肉 100 公克

B　鳥巢寬麵 100 公克、牛番茄 1 顆、洋蔥 50 公克、
蒜頭 10 公克、波特菇 100 公克、新鮮洋菇 50 公克

C　歐芹葉 2 公克

調味料

A　歐陸野菌黃菇醬 100 公克

B　海鹽 3 公克、粗黑胡椒粉 1 公克、
橄欖油 50C.C.、白酒 50C.C.、
雞高湯 100C.C.

C　動物性鮮奶油 50C.C.、起司粉 30 公克

作法

1　煮一鍋水，加入 1 公克海鹽及 30C.C. 橄欖油，將鳥巢寬麵放入鍋中，邊加熱邊攪拌，煮 3 分鐘，撈起後瀝
乾水分備用。

2　燻雞肉切條狀；洋蔥、蒜頭切粗碎丁；菇類切厚片狀；牛番茄汆燙去皮、去籽，切 0.5 公分丁狀，備用。

3　準備一個平底鍋，倒入剩餘 20C.C. 橄欖油，先炒香洋蔥碎、蒜頭碎，再加入所有菇類炒上色，倒入白酒去酸，再倒入雞高湯煮至濃縮，加入歐陸野菌黃菇醬煮滾。

4　將燻雞肉及作法 1 煮好的鳥巢寬麵、鮮奶油放入作法 3 鍋中，邊加熱邊攪拌均勻，並加入粗黑胡椒粉調味，盛盤，撒上起司粉，放上歐芹葉裝飾即可。

Chef's Tips

鳥巢寬麵為義大利麵的一種，口感較軟，容易煮熟，所以火候掌控很重要。

燻雞胸肉可用其他肉類替代，例如：牛肉、羊肉、豬肉。

香檳油醋醬

選用法國普羅旺斯香檳區的白酒醋，餘韻香醇悠長，用來調製油醋醬汁風味極佳，藉由蜂蜜的甜味調和白酒醋的酸味，芥末醬的香氣增加香檳油醋整體的風味。

適合料理·肉類、海鮮、蔬菜、菌菇　烹調方式·涼拌、淋醬
保存期限·冷藏保存為 1 個月　份量·450 公克

材料

A 香檳白酒醋 100C.C.、
　初榨橄欖油 300C.C.

調味料

A 法式芥末醬 5 公克、芥末籽醬 5 公克、美式芥末醬 5 公克、
　蜂蜜 30 公克

B 海鹽 3 公克、粗白胡椒粉 2 公克

作法

1 準備一個鋼盆（或深瓷碗），將香檳白酒醋、所有調味料加入鋼盆中，用打蛋器拌打均勻。

2　慢慢倒入初榨橄欖油於作法 1 內，邊加入時需不停攪拌，此時鹽才會完全溶解，醋及油才能乳化。

3　攪拌完成的醬裝入玻璃瓶內，放入冰箱冷藏保存即可。

Chef's Tips

製作香檳油醋醬的鋼盆及盛裝的玻璃瓶，不可以有水分，否則容易導致乳化效果不佳。

製作完成的醬汁會有油醋分離的現象，屬於正常，只要於使用前搖一搖或用打蛋器攪拌數下，即會恢復乳化濃稠狀態。

未開瓶的香檳白酒醋，可依瓶上註明的保存期限存放於陰涼處。

調製成的香檳油醋醬則必須裝盛於有蓋的玻璃容器內，存放冰箱冷藏，最佳賞味期以一個月內為限。

選用初榨橄欖油的用意在於：是第一道壓榨出來的，味道上較為香醇；以選用進口的較佳，皆有標示在瓶上。

義式烤海鮮拌香檳油醋醬

份量　4人份

<table>
<tr><td colspan="2" align="center">材料</td><td colspan="2" align="center">調味料</td></tr>
<tr><td>A</td><td>冷凍白蝦 4 隻、新鮮生干貝 4 顆、淡菜 4 顆、
烏賊 100 公克</td><td>A</td><td>香檳油醋醬 80C.C.</td></tr>
<tr><td>B</td><td>綜合生菜 100 公克、芝麻葉 10 公克、法國麵包 80 公克、
牛番茄 1 顆、帶籽橄欖 10 顆</td><td>B</td><td>海鹽 2 公克、
粗黑胡椒粉 2 公克、
橄欖油 50C.C.</td></tr>
<tr><td>C</td><td>酸豆 10 公克、歐芹葉 2 公克、黃檸檬 1/4 顆</td><td></td><td></td></tr>
</table>

作法

1　將綜合生菜、芝麻葉洗淨，泡入食用冰水 20 分鐘，瀝乾水分以保持脆度；法國麵包與牛番茄切 2 公分厚片；酸豆切碎；歐芹葉切粗碎，備用。

2　蝦子去頭、去殼，留尾部後去腸泥；烏賊切 1 公分寬圈狀，與去殼淡菜、干貝放入鋼盆中，加入 1 公克海鹽、1 公克黑胡椒粉、20C.C. 橄欖油拌勻，醃漬 20 分鐘待入味備用。

3　將醃漬入味的海鮮料以平底鍋煎熟（或碳烤）；法國麵
　　包、牛番茄與剩餘 1 公克海鹽、1 公克黑胡椒粉醃漬 3
　　分鐘待入味後煎上色（或碳烤），再切成 1 公分大丁，
　　備用。

4　將泡過冰水的生菜與海鮮混合拌勻，加入香檳油醋醬，
　　擠入黃檸檬汁，再撒上酸豆碎、歐芹葉碎拌勻，盛盤。

5　接著擺上法國麵包、牛番茄，最後鋪上帶籽橄欖即完成。

Chef's Tips

綜合生菜可以蘿蔓生菜、綠捲鬚生菜、紅
捲鬚生菜、綠橡生菜、紅圓葉等組成，搭
配起來顏色較豐富。

此道菜為溫熱沙拉，亦可當作熱前菜。

芝麻葉具有香濃的芝麻味道，加入這道菜
中可增加風味。

田園有機沙拉淋香檳油醋醬

份量　4人份

材料	調味料
A 土雞蛋 2 顆、生火腿 2 片、義大利臘腸 5 片、 新鮮乳酪球 4 顆、白鯷魚 4 隻	**A** 香檳油醋醬 80C.C.
B 綠捲鬚生菜 50 公克、紅捲鬚生菜 30 公克、 紅圓生菜 30 公克、綠橡生菜 50 公克	**B** 海鹽 4 公克、 粗黑胡椒粉 1 公克、 橄欖油 30C.C.
C 黑橄欖 4 顆、紅小紅番茄 4 顆、小黃番茄 4 顆	
D 烤盤紙 2 張（長 30 公分寬 15 公分）	

作法

1　將材料 B 的所有生菜用食用水洗淨，用手剝大片狀，泡入食用冰水 20 分鐘後，瀝乾水分備用。

2　所有小紅番茄放入滾水，汆燙 15 秒，取出泡入冰水，去皮後切對半、擠掉汁液備用。

3 另煮 1000C.C. 水，待水滾，加入 3 公克海鹽，再放入
   土雞蛋，以大火煮 5 分鐘，取出泡入冰水，接著剝殼，
   即成為糖心蛋。

4 將生火腿鋪於烤盤紙上，上面再鋪一張烤盤紙，用瓷盤
   重壓，放入烤箱，以上火、下火 160℃ 烤 10 分鐘，取出，
   即為脆皮火腿。

5 準備一個深皿，將所有食材錯落放入深皿中，食用前淋
   上醬汁即可。

Chef's Tips

烹調出成功的糖心蛋，重要在於水跟蛋的比例，建議一顆蛋
以 200C.C. 的水烹煮較佳。土雞蛋的殼較厚而白雞蛋的殼
較薄，因此選用白雞蛋時，煮的時間必須縮短 1/3 時間。

自冰箱取出土雞蛋，放於室溫 30 分鐘。

在切糖心蛋時，每切完一刀就要擦拭刀子，以免糖心蛋的蛋
白沾染蛋黃液，造成蛋白不美觀。

香檳油醋醬拌烤牛肉野蔬

份量　4人份

材料	調味料
A　無骨牛小排 200 公克	**A**　香檳油醋醬 80C.C.
B　帶皮蒜頭 30 公克、帶皮玉米筍 4 根、新鮮香菇 80 公克、新鮮洋菇 80 公克、甜椒 80 公克、蘿蔓生菜 120 公克、綠節瓜 100 公克、牛番茄 1 顆	**B**　海鹽 2 公克、粗黑胡椒粉 2 公克、橄欖油 30C.C.
C　法國麵包 80 公克、黃檸檬 1/2 顆、新鮮迷迭香 5 公克	

作法

1　將牛小排加入1公克海鹽、1公克粗黑胡椒調味，醃漬10分鐘後碳烤（或平底鍋煎熟），取出後切薄條狀備用。

2　帶皮玉米筍放入滾水煮熟透，取出後切半；洋菇、香菇洗淨切大丁狀；甜椒碳烤（或放入烤箱180℃烤12分鐘），去皮後切寬條狀；牛番茄切2公分厚圈狀；帶皮蒜頭輕拍扁；綠節瓜切1公分厚片狀。

3 將作法 2 所有材料放入鋼盆，混合，加入迷迭香及橄欖油，加入剩餘 1 公克海鹽、1 公克粗黑胡椒粉調味，碳烤或煎熟備用。

4 將法國麵包直接切約 14 公分長寬狀，抹上少許橄欖油，以碳烤或煎上色，再切大塊狀備用。

5 蘿蔓生菜洗淨，泡入食用冰水 20 分鐘，瀝乾水分，橫切長 5 公分片塊狀，加入 20C.C. 香檳油醋醬拌勻，先盛入瓷盤內。

6 另外準備一個鋼盆，除法國麵包外，將所有處理好的食材放入鋼盆，擠上檸檬汁及 60C.C. 香檳油醋醬拌勻，再放入作法 4 的瓷盤內即可。

Chef's Tips

牛肉可選用不同部位，建議選菲力或肋眼，煎製熟度為七分熟，口感較佳。

此道菜的牛小排可以雞肉或羊肉替代，呈現不同風味。

香芒酸甜莎莎醬

選用本產愛文芒果，果香濃郁果肉細緻滑嫩，加上調以輕辣、微酸的整體口感與味覺，清爽、開胃為夏日最佳搭配食材的醬汁。

適合料理·**海鮮、乳酪**　烹調方式·**冷拌醬**
保存期限·**冷藏保存為 3 ～ 5 天**　份量·**400 公克**

材料		調味料
A 愛文芒果 300 公克	•	**A**　海鹽 2 公克、
	•	粗黑胡椒粉 2 公克、
B　蒜頭 10 公克、	•	初榨橄欖油 80C.C.、
洋蔥 50 公克、辣椒 10 公克、		辣椒水（Tabasco）5C.C.、
香菜 5 公克		檸檬汁 30C.C.

作法

1　將芒果削皮，取下果肉，切 0.2 公分正方小丁備用。

2　洋蔥、蒜頭去皮後切小碎丁;辣椒去籽,切小碎丁,需用廚房紙巾擦乾水分;香菜取梗不要葉子的部分,切小碎狀,備用。

3　準備一個大瓷碗,將所有處理好的材料 A、B 放入瓷碗,加入所有調味料,輕輕拌均勻即可。

> ∙
> ∙ Chef's Tips
> ∙
>
> 莎莎醬主要是以當季水果作為調醬,例如:番茄、鳳梨、酪梨、水蜜桃、奇異果等。由於使用新鮮水果調製不宜久放,必須放於冰箱冷藏至多 5 天。
>
> 莎莎醬調味重點,必須依所使用的水果甜度、酸度作為調整的比例。
>
> 初榨橄欖油:是第一道壓榨出來的,味道上較為香醇;選購上以進口的較佳,皆有標示在瓶上。

煎烤鱸魚搭香芒酸甜莎莎醬

份量　4人份

材料	調味料
A　金目鱸魚肉片 2 片	**A**　香芒酸甜莎莎醬 100 公克
B　洋芋 2 顆、小紅番茄 3 顆、 巴西蘑菇 3 根、新鮮百里香葉 3 公克、 蝦夷蔥 2 根	**B**　海鹽 2 公克、粗白胡椒粉 2 公克
	C　橄欖油 20C.C.、香魁克（橙汁）10C.C.、 美奶滋 50 公克、白酒 30C.C.

作法

1　將鱸魚洗淨，檢查有無魚刺，擦乾水分，加入百里香葉、白酒、1 公克海鹽及 1 公克粗白胡椒粉調味，醃漬 30 分鐘。

2　洋芋洗淨，帶皮煮至熟透後，去皮搗成泥狀，再用細網過篩，並調入 0.5 公克海鹽、0.5 公克粗白胡椒粉，接著加入美奶滋、香魁克，拌成橙汁洋芋泥。

3　將蝦夷蔥洗淨備用當作盤飾。

4　小紅番茄帶蒂頭與巴西蘑菇放入大碗中，加入剩餘 0.5 公克海鹽及 0.5 公克粗白胡椒粉調味後，以碳烤方式或煎熟備用。

5　準備一個平底鍋，加入橄欖油熱鍋，把作法 1 材料魚皮朝下先煎上色酥脆，再翻面，蓋上鍋蓋，以中小火煎 3 分鐘，需熄火燜 2 分鐘即可。

6　將作法 5 的食材盛入瓷盤，用容器或湯匙裝上香芒酸甜莎莎醬，並將作法 2 的橙汁洋芋泥用擠花袋擠上。

7　最後擺上作法 4 的配菜，再用蝦夷蔥絲裝飾即可。

Chef's Tips

因為魚肉遇熱容易縮緊，煎鱸魚時，可於魚皮肉上重壓，成品會較平整、酥脆且較大片。

新鮮橙汁顏色太淡且不夠濃稠，調入洋芋泥內容易造成水分太多，使口感不佳，且不易成型。

炙燒北海道帆立貝搭香芒酸甜莎莎醬

份量　4人份

材料	調味料
A　日本生干貝 8 顆	**A**　香芒酸甜莎莎醬 50 公克
B　新鮮百里香葉 1 公克、玉桂棒 1 根（肉桂）、紅蘋果 1 顆、金桔 2 顆	**B**　海鹽 1 公克、粗白胡椒粉 1 公克、橄欖油 30C.C.
C　薄荷葉 5 公克、食用花 1 公克	**C**　紅酒 300C.C.、白冰糖 100 公克

作法

1　將干貝放於冷藏室解凍，取出後擦乾水分，加入百里香葉及調味料 B，醃漬 20 分鐘。

2　準備一個湯鍋，將紅酒、白冰糖、玉桂棒倒入鍋中，以中火加熱煮滾。

3　再把蘋果去皮後整顆放入作法 2 鍋中，金桔切半後也放入鍋中，開小火煮 10 分鐘，移開爐火，靜置冷卻。

4　準備一個平底鍋，將作法 1 材料放入平底鍋，用小火煎至兩面上色，約 6 ～ 7 分熟備用。

5　準備一個長盤，取出作法 3 的蘋果去籽，切 0.5 公分厚舟狀鋪於盤中一側，再將煎好的干貝放於蘋果旁，淋上香芒酸甜莎莎醬，擺上薄荷葉、食用花裝飾即可。

Chef's Tips

干貝之選用，也可選用一般新鮮干貝即可；干貝在烹調料理中，通常都不會到全熟，所以日本生食等級生干貝口感較佳。

建議蘋果可一次煮多顆，且必須冷卻後再放入冰箱冷藏，至少 3 天更具風味。

義式酥炸乳酪餅搭香芒酸甜莎莎醬

份量　4人份

材料		調味料
A　新鮮瑪芝瑞拉起司 120 公克		**A**　香芒酸甜莎莎醬 50 公克
B　蛋 2 顆、中筋麵粉 50 公克、白吐司 4 片、 　　香菜葉 3 公克		**B**　橄欖油 10C.C.（用於作法 5）、 　　粗黑胡椒粉 1 公克、 　　濃縮陳年酒醋醬汁 3C.C.

作法

1　白吐司去邊，切 1 公分正方丁，用調理機打成中粗程度的麵包粉備用。

2　中筋麵粉過篩；蛋打散，分別用容器裝盛，備用。

3   瑪芝瑞拉起司切長 5 公分、寬 5 公分正方塊狀，先沾一
     層中筋麵粉，接著沾裹一層蛋液，最後再沾一層麵包粉
     備用。

4   將作法 3 起司餅放入油鍋，以 160℃炸上色，即可撈起
     瀝乾油分，放置平盤。

5   淋上香芒酸甜莎莎醬及橄欖油，撒上粗黑胡椒粉，用香
     菜葉裝飾，畫上濃縮陳年酒醋汁即完成。

Chef's Tips

建議麵包粉不要用市售的，口感會較硬。

沾裹炸衣的過程需確實，否則油炸時容易
裂開，導致乳酪流出。

炸乳酪餅可搭配油醋生菜沙拉一起食用
，風味更佳。

油溫太高會造成麵包粉太焦而內容物沒
熟；油溫太低會造成麵包粉不易上色，並
且會含油。

焗烤香料奶油醬

有著清香的羅勒葉味道,豐富有層次的香料及蔬菜,色呈綠色,加熱焗烤後,散發誘人香氣,並帶出主食材本身的鮮甜味。

適合料理·肉類、海鮮、麵包類、菌菇類　烹調方式·焗烤、爐燒
保存期限·冷藏保存為 60 天,冷凍保存為 6 個月　份量·700 公克

材料	調味料
A 無鹽奶油 500 公克、全蛋 1 顆、小鯷魚 20 公克、培根肉片 100 公克	**A** 海鹽 1 公克、白蘭地酒 50C.C.
B 蒜頭 50 公克、洋蔥 200 公克、紅蔥頭 50 公克	
C 乾燥義大利香料 5 公克、新鮮羅勒葉 50 公克、乾燥俄立岡香料 5 公克	

作法

1　將無鹽奶油放於常溫下軟化;材料 B 去皮後,切碎;小鯷魚、培根肉片煎熟或烤熟,取出後分別切碎,備用。

2　羅勒葉切碎,和切碎的材料 B 都需用廚房紙巾吸乾水分備用。

3　準備一個鋼盆和電動攪拌器，將軟化的奶油先打發至色呈白色，加入全蛋繼續攪打，再加入其他材料，最後加入調味料輕拌均勻即可。

> **Chef's Tips**
>
> 這道醬料的重點在於奶油，務必打發至變白色，才可加入其他材料，否則高溫焗烤時會造成分離出油的現象。
>
> 奶油通常分為無鹽與有鹽兩種，料理時建議選用無鹽種類，在調味上比較好掌握。
>
> 焗烤香料奶油醬為固態奶油醬，需經焗烤或熱炒融化後，才能充分發揮於料理上。
>
> 奶油塊自冰箱取出時，不可透過加熱方式軟化，應先放於室溫待軟化，手指壓下後形成凹痕表示已軟化可使用。
>
> 爐燒：指的是烹煮料理鍋子要蓋上鍋蓋的料理方式
>
> 焗烤：指的是經過烹煮後的食材，再鋪上起士，並移入烤箱烤上色的料理方式。

海鮮焗烤香料奶油醬搭季節時蔬

份量　4人份

材料	調味料
A　金鎗烏賊 80 公克、草蝦 2 隻、淡菜 4 顆、鮭魚肉 80 公克	**A**　焗烤香料奶油醬 80 公克
B　帶皮小紅番茄 5 顆、帶皮小黃番茄 5 顆、新鮮洋菇 50 公克、綠節瓜 50 公克、美國蘆筍 1 根（在菜底下）、帶皮玉米筍 2 根	**B**　海鹽 2 公克、粗白胡椒粉 2 公克、橄欖油 50C.C.
C　新鮮百里香葉 5 公克、乾燥月桂葉 1 片、新鮮歐芹葉 5 公克、帶皮蒜頭 20 公克	

作法

1　將金鎗烏賊切 1.5 公分寬圈狀；草蝦帶殼剝背取沙筋，劃刀成平整狀；淡菜帶殼；鮭魚肉切平整塊狀，以上三種海鮮油煎上色備用。

2　帶皮玉米筍切半；蘆筍斜切段狀；洋菇、綠節瓜切大丁，加入材料 C，均勻加入調味料 B，拌勻。

3 用鑄鐵鍋裝盛作法 3 材料、所有帶皮小紅番茄,再放入烤箱,以上火 180℃、下火 180℃烤 12 分鐘,使其上色熟透即可。

4 將焗烤香料奶油醬分別塗抹於作法 1 海鮮料上,放入烤箱,以上火 200℃、下火 200℃烤約 10 分鐘,使顏色均勻上色即可。

5 準備一個平盤,將作法 3 所有烤好的蔬菜盛盤當作配菜,最後擺上所有海鮮料即可。

•
• Chef's Tips
•

海鮮料煎上色時,容易釋出湯汁,須擦拭海鮮表面的液體,再抹上焗烤香料奶油醬,這樣能使香料奶油醬均勻附著在海鮮料上,且烘烤完成的效果較好,也較能使海鮮更能吸收醬料的味道。

鮭魚肉抹上焗烤香料奶油醬已有鹹味,所以煎製前不需加任何調味料醃漬。

金鎗烏賊可以選用墨魚、透抽、花枝做取代。

歐陸焗烤田螺香料奶油醬

份量　4人份

材料

A　罐頭田螺肉 300 公克、培根肉片 50 公克

B　洋蔥 200 公克、蒜頭 50 公克、紅蔥頭 50 公克、
　　九層塔 10 公克（取葉子切粗碎）

C　新鮮百里香 10 公克、乾燥義大利香料 5 公克、
　　乾燥月桂葉 2 片

D　法國麵包 1 條

調味料

A　焗烤香料奶油醬 300 公克

B　海鹽 2 公克、粗白胡椒粉 2 公克

C　紅酒 100C.C.、雞高湯 500C.C.、
　　罐頭濃縮牛骨醬 200C.C.、
　　無鹽奶油 50 公克（作法 3 加入）、
　　橄欖油 30C.C.

作法

1　將罐頭田螺肉洗淨，汆燙後泡入冰水，撈起，摘除螺肉腸泥，再用清水洗淨，瀝乾水分備用。

2　洋蔥、蒜頭、紅蔥頭去皮後切細碎；培根肉片切細碎，以上材料放入平底鍋倒入 30C.C. 橄欖油依序分別以
　中火先下蒜頭、紅蔥頭、洋蔥細碎炒香。

3 接著加入螺肉及所有材料 C 續炒香後，倒入紅酒濃縮，加入雞高湯煮至湯汁微稠狀，再加入濃縮牛骨汁，並加入調味料 B 及九層塔粗碎拌勻，起鍋前熄火，加入無鹽奶油拌勻即可。

4 準備一有洞的焗烤田螺盅，將調味完成的田螺一顆一顆放入凹洞，再將稍微冰硬的焗烤香料奶油醬切成 1 公分厚圈狀，鋪於田螺上。

5 田螺盅放入烤箱，以上火、下火 180℃ 烤約 8 分鐘至均勻上色即可取出。

6 將法國麵包切厚片狀或長條狀，表面均勻沾一層橄欖油，放入平底鍋煎上色，盛盤，搭配田螺一起食用即可。

Chef's Tips

此道菜色為法式傳統開胃熱前菜，因此一次可作一定的量（可以冷凍保存），成品的田螺肉也可冷凍存放，最佳賞味期為 1 個月內較佳。

罐頭濃縮牛骨醬汁與罐頭牛骨高湯內容物差別在於，前者有經過濃縮且可以直接使用製作醬汁，後者屬清湯較不適合直接使用製作醬汁。

此道料理需製作一定的量才能標示材料比例，成品的份量可分多次食用。

嫩煎無骨牛小排佐香料奶油醬

份量　4人份

材料	調味料
A　無骨牛小排 200 公克、培根肉片 30 公克	**A**　焗烤香料奶油醬 80 公克
B　小洋芋 4 顆、洋蔥 80 公克、綜合生菜 50 公克、 　　　小紅番茄 2 顆、小黃番茄 2 顆	**B**　海鹽 4 公克、粗黑胡椒粉 4 公克
C　新鮮迷迭香 3 公克、新鮮歐芹葉碎 3 公克	**C**　紅酒 50C.C.、白酒醋 10C.C.、 　　　橄欖油 50C.C.、黃芥末醬 3 公克

作法

1　將無骨牛小排加入 2 公克海鹽、2 公克粗黑胡椒粉及紅酒、迷迭香，醃漬 30 分鐘備用。

2　小洋芋帶皮蒸熟，切塊狀，放入油鍋，以中高油溫約 180℃炸上色；培根切 1 公分寬條；洋蔥去皮後切 1 公分寬條，備用。

3　將培根碎、洋蔥碎放入平底鍋炒香（要加 30C.C. 橄欖油須冷鍋冷油加熱），再加入炸好的洋芋塊、1 公克海鹽、1 公克粗黑胡椒粉拌炒均勻，撒上歐芹葉碎當作配菜。

4　將白酒醋、橄欖油及黃芥末醬混合拌勻，加入剩餘 1 公克海鹽、1 公克粗黑胡椒粉拌勻成油醋醬汁。

5　綜合生菜以清水洗淨，泡入食用冰水 20 分鐘，瀝乾水分；所有小紅番茄汆燙去皮，切對半，擠汁與綜合生菜、油醋醬汁混合拌勻備用。

6　準備一個平底鍋，將牛小排放入鍋中，煎至兩面上色約 5 分熟，取出後均勻抹上焗烤香料奶油醬，放入烤箱，以上火 180℃、下火 180℃ 烤約 3 分鐘至表面均勻上色即可。

7　準備一個平盤，將烤好的牛小排放於盤中，擺上作法 3 配菜、作法 4 綜合沙拉即可。

Chef's Tips

綜合生菜沒有限定何種生菜，只要顏色搭配得宜即可，例如：紅捲鬚生菜、綠捲鬚生菜、紅包心生菜。

此道牛小排煎至五分熟，在於後續還要放入烤箱中加熱，若煎至太過熟，牛小排在食用時口感較乾柴，也可以依個人喜愛的生熟度做調整。

牛肉熟度判斷一般用按壓方式，越有彈性就越生，反之就越熟，其他肉類熟度判斷皆一樣原理。

墨西哥檸香辣醬

源於墨西哥一般家庭料理常用醬料,味道酸辣,可因個人喜好調整辣度,常用於油炸的家禽類、海鮮料理中,以熱拌的方式裹醬,帶點檸檬香的辣醬非常開胃,料理適合搭配啤酒一起享用。

適合料理·海鮮、肉類　烹調方式·燒烤、熱拌裹醬
保存期限·冷藏保存為 30 天,冷凍保存為 3 個月　份量·350 公克

材料	調味料
A　無鹽奶油 300 公克、匈牙利紅椒粉 10 公克、新鮮歐芹葉碎 5 公克	**A**　梅林辣醬油 20C.C.、辣椒水(Tabasco)5C.C.、檸檬汁 15C.C.
B　蒜頭 10 公克、洋蔥 50 公克、辣椒 10 公克、香菜 5 公克	**B**　粗黑胡椒粉 1 公克

作法

1　將無鹽奶油放於室溫下軟化,置於鋼盆內,用打蛋器打發至呈白色狀態,加入匈牙利紅椒粉及歐芹葉碎拌勻即為調味奶油,盛入容器內,置於冰箱冷凍存放。

2 準備一個大瓷碗，將調味料 A 到入瓷碗，加入作法 1 的 50 公克調味奶油，撒上粗黑胡椒粉攪打均勻即可。

Chef's Tips

作法 1 調味奶油亦可用保鮮膜包捲成圓柱型，放入冰箱冷凍保存，取用時只需用刀子切割需要量即可。

此醬汁的運用可依個人口味不同，調味料 A 亦可做不一樣比例的調整。

調味醬料存放冷藏冰箱，須依製造日期為限，打發過的奶油醬放於冰箱冷凍，以一年內使用完為佳。

熱拌裹醬：是指剛炸熟或燙熟食材，趁有溫度拌上調味醬料的料理方式。

墨西哥檸香辣雞翅

份量　4 人份

材料	調味料
A 二節雞翅 8 隻	**A** 墨西哥檸香辣醬 1 份 50 公克
B 蘿蔓生菜 1 片、紅圓生菜 1 片、黃檸檬 1 顆	**B** 海鹽 2 公克、粗黑胡椒粉 2 公克、橄欖油 20C.C.、香蒜粉 2 公克、乾燥義大利香料 1 公克
	C 番茄醬 10 公克、美奶滋 50 公克

作法

1　將雞翅洗淨，瀝乾水分，加入調味料 B，醃漬 3 小時；美奶滋與番茄醬混合拌勻，備用。

2　蘿蔓生菜、紅圓生菜泡於食用冰水 20 分鐘，取出後瀝乾水分備用。

3 準備油鍋，油溫約 180℃，將雞翅放入油鍋，炸至熟透
   且表面成酥脆金黃色，撈起後瀝乾油分，放入一個鍋盆，
   迅速與墨西哥檸香辣醬拌勻，盛入瓷盤。

4 用蘿蔓生菜、紅圓生菜裝飾，黃檸檬切舟狀，並附上作
   法 1 的美奶滋番茄沾醬即可。

Chef's Tips

二節雞翅容易炸熟，因此溫度必須用中高
油溫約 180℃油炸，才會有酥脆的口感。

也可以用烤的方式，烤箱溫度 180℃，時
間 12 分鐘。

調味料 C 為生菜的沾醬。

酥炸海鮮拌墨西哥檸香辣醬

份量　4人份

材料	調味料
A　金鎗烏賊 200 公克、草蝦 4 隻	**A**　墨西哥檸香辣醬 50 公克
B　帶皮蒜頭 50 公克、芝麻葉 30 公克、綠捲鬚生菜 50 公克、紅捲鬚生菜 50 公克、小黃瓜 1 條（50 公克）、黃檸檬 1 顆	**B**　海鹽 1 公克、粗黑胡椒粉 2 公克
C　法國麵包 80 公克	**C**　細砂糖 10 公克、白酒醋 30C.C.、橄欖油 10C.C.、中筋麵粉 50 公克

作法

1　將金鎗烏賊去腸泥，洗淨，帶皮切 1.5 公分圈狀；草蝦去腸泥，帶殼剖背，用剪刀剪去鬚及腳，加入調味料 B 醃漬 20 分鐘，備用。

2　芝麻葉、綠捲鬚生菜、紅捲鬚生菜用清水洗淨，泡入食用冰水 20 分鐘，瀝乾水分；檸檬切舟、去籽，備用。

3　法國麵包取長 15 公分，對切，抹上一層橄欖油，放入平底鍋，以小火煎上色再切成 1 公分立體方丁狀備用。

4 　小黃瓜切薄圓片，加入少許鹽輕搓揉，釋出水分才會有脆的口感，再加入細砂糖及白酒醋調味。

5 　準備油鍋，溫度為中高油溫約 180℃，將作法 1 海鮮料沾上一層中筋麵粉與帶皮蒜頭一起放入油鍋，炸熟，迅速撈起後瀝乾油分，放入鋼盆內。

6 　再將墨西哥檸香辣醬及小黃瓜片加入作法 5 鋼盆中，拌勻後盛盤，鋪上作法 2 蔬菜及麵包即可。

Chef's Tips

金鎗烏賊俗稱透抽，可以墨魚取代。

帶皮的金鎗烏賊烹煮味道較佳，肉質軟嫩且帶皮烹煮更為鮮美。

烏賊也稱作花枝及墨魚，有 10 隻附肢，別於章魚的 8 隻，形狀為卵橢圓形的袋狀，兩邊各有一長形的鰭，無產期限制。透抽外形細長，後段有一對長菱形的鰭，軀幹尾端收尖，產期為 6 ～ 8 月。

桃木淡燻松阪豬拌墨西哥檸香辣醬

份量　4人份

材料

A　松阪豬肉 200 公克

B　紅甜椒 40 公克、黃甜椒 40 公克、新鮮香菇 80 公克、
新鮮洋菇 80 公克、帶皮蒜頭 50 公克、
小紅番茄 3 顆、小黃番茄 3 顆

C　新鮮迷迭香 3 公克、新鮮歐芹葉 2 公克、黃檸檬 1/2 顆

D　桃木屑 15 公克、鋁箔紙 1 大張

調味料

A　墨西哥檸香辣醬 50 公克

B　海鹽 2 公克、
粗黑胡椒粉 2 公克、
眾香子粉（詳見 Tips）1 公克、
橄欖油 30C.C.、
蜂蜜 20 公克

作法

1　將松阪豬肉用刀子交叉畫刀，加入調味料 B 海鹽 1 公克、粗黑胡椒粉 1 公克、眾香子粉 1 公克、橄欖油 15C.C.、蜂蜜 20 公克及迷迭香拌勻，醃漬 2 小時入味；黃檸檬榨汁備用。

2　所有甜椒去籽，切 2 公分正方丁；香菇、洋菇切大丁狀。將上述蔬菜與帶皮蒜頭混合拌勻，加入鹽 1 公克、胡椒 1 公克、橄欖油 15C.C. 調味，放入平底鍋煎上色當作配菜。

3 準備一個網架，抹上一層薄薄
   橄欖油（份量外），用廚房紙
   巾將醃好的松阪豬肉表層油分
   吸乾，再放於網架備用。

4 準備一個炒鍋，鋪上一張鋁箔
   紙，放入桃木屑，蓋上鍋蓋，
   開大火，待冒大量煙時，迅速
   將作法 3 松阪豬肉連同網架一
   起放於桃木屑上方，蓋上鍋蓋，
   以大火燜煮 2 分鐘，熄火續燜
   2 分鐘後取出。

5 將作法 4 松阪豬肉取出，移入
   烤盤放入烤箱，以上火、下火
   170℃烤約 10 分鐘至熟透。

6 將烤熟的松阪豬肉斜切片狀，
   與墨西哥檸香辣醬、黃檸檬汁
   拌勻，盛盤，擺上作法 2 食材
   及歐芹葉裝飾即可。

•
• Chef's Tips
•

松阪豬肉質較脆硬，醃漬前劃刀會比較容易入味。

煙燻用桃木屑味道較清香，也可用中式的糖燻作法料理。中式糖燻的作法同
作法 4，其燻料改為：中筋麵粉 10 公克、紅茶葉 10 公克、紅糖 10 公克。

眾香子粉又稱甜胡椒，是一種辛香料，嚐起來有胡椒、丁香、肉桂的綜合香
氣。（書中介紹的食品材料行或大型超市賣場皆可購得）

鄉村甜羅勒番茄醬

熟成的牛番茄色澤鮮紅，果肉口感細緻，酸中帶甜的滋味與羅勒清香深層的味道，只要少許的調味，再搭配新鮮蔬菜的熬煮即成美味的醬汁。

適合料理·**海鮮、肉類、麵食**　烹調方式·**淋醬、熱炒、慢火燉煮**
保存期限·**冷藏保存為 7 天，冷凍保存為 1 個月**　份量·**2,000 公克**

材料	調味料
A 培根 100 公克、洋蔥 300 公克、蒜頭 100 公克、西洋芹 100 公克	**A** 海鹽 2 公克、粗黑胡椒粉 2 公克
B 罐頭番茄糊 100 公克、新鮮熟成牛番茄 2000 公克	**B** 雞高湯 500C.C.、白酒 200C.C.、動物性鮮奶油 100C.C.、無鹽奶油 50 公克
C 新鮮百里香葉 10 公克、乾燥月桂葉 3 片、乾燥義大利香料 5 公克	
D 新鮮羅勒葉 50 公克	

作法

1 煮一鍋水至滾，將熟成牛番茄去蒂頭，放入滾水中汆燙 20 秒後撈起，泡入冰水去皮、去籽，切 1 公分小丁備用。

2　洋蔥、蒜頭去皮後切碎丁；培根、西洋芹切碎丁，備用。

3　準備一個湯鍋，加入少許沙拉油，炒香材料 A，再加入材料 C 拌炒出香氣，加入番茄糊續炒至暗紅色，倒入白酒去酸，再加入已去皮的牛番茄及雞高湯，以小火燉煮 30 分鐘。

4　接著將羅勒葉放入作法 3 湯鍋浸泡 5 分鐘，撈除羅勒葉，加入鮮奶油及無鹽奶油，趁熱拌勻至奶油完全融化即可。

Chef's Tips

醬汁的關鍵在於牛番茄的熟成度，愈熟的番茄，成品的甜味更豐富。

料理有酸度的醬料，切勿使用一般鐵鍋，會容易將鐵鏽味帶出來，建議使用不鏽鋼鍋、鑄鐵鍋、琺瑯鍋。

羅勒葉只需浸泡留下味道即可撈除，因為羅勒葉加熱後會變為黑色。

鄉村甜羅勒番茄醬佐薩丁尼亞麵球

份量　4人份

材料

A　薩丁尼亞麵球 150 公克

B　海蝦 4 隻、帕瑪生火腿 4 片

C　紅甜椒 25 公克、黃甜椒 25 公克、綠節瓜 50 公克、新鮮洋菇 50 公克、新鮮香菇 30 公克、洋芋 1 顆

D　新鮮羅勒葉 2 公克

調味料

A　鄉村甜羅勒番茄醬 80 公克

B　海鹽 2 公克、粗白胡椒粉 2 公克

C　橄欖油 50C.C.、義大利陳年醋 5C.C.

作法

1　煮一鍋滾水，加入少許鹽及橄欖油（份量外），再把薩丁尼亞麵球放入鍋中，以中火煮 8 分鐘，撈起後瀝乾水分，拌入少許橄欖油（份量外），待冷卻備用。

2　蝦子去頭、去殼，取沙筋、留蝦尾，將生火腿片鋪於砧板上，放上蝦子，包捲緊於蝦身，依續完成所有包裹動作備用。

3　將洋芋去皮後刨絲，捲緊纏繞作法 2 的材料上，放入平底鍋，以中火半煎炸方式使上色並熟透。

4　紅甜椒、黃甜椒、綠節瓜、洋菇、香菇全部切成 0.2 公分小丁；洋芋去皮後，切成 0.2 公分小丁，備用。

5　另取一個平底鍋，用小火炒香作法 4 材料至軟，再倒入鄉村甜羅勒番茄醬及煮好的薩丁尼亞麵拌炒均勻，加入調味料 B 炒勻，盛盤。

6　放上炸好的蝦卷，並用羅勒葉裝飾，均勻淋上調味料 C 即可。

Chef's Tips

薩丁尼亞麵球是義大利麵的一種，口感富有嚼勁，外型為窩狀，有別於一般義大利麵。

搭配的主食材可選用其他海鮮或肉類替代。

南法紙包魚佐鄉村甜羅勒番茄醬

份量　4人份

材料	調味料
A　鯛魚肉片 2 片、蛤蠣 80 公克	**A**　鄉村甜羅勒番茄醬 100 公克
B　美白菇 50 公克、新鮮洋菇 100 公克、鴻禧菇 50 公克、 　　小紅番茄 3 顆、小黃番茄 3 顆、綠蘆筍 3 根、 　　紅甜椒 40 公克、黃甜椒 40 公克、 　　洋蔥 80 公克、蒜頭 10 公克	**B**　海鹽 4 公克、 　　粗白胡椒粉 2 公克
C　新鮮百里香葉 2 公克	**C**　橄欖油 30C.C.、白酒 30C.C.
D　烤盤紙 2 大張、棉繩 1 小條	

作法

1　將鯛魚肉片洗淨，擦乾水分、加入 2 公克海鹽及 1 公克粗白胡椒粉調味，醃漬 30 分鐘備用。

2　所有菇類洗淨，切大丁；洋蔥去皮後切細條狀；蒜頭去皮後切粗碎；所有甜椒去籽，切條狀；綠蘆筍切段；所有小紅番茄切半，擠汁，備用。

3   準備一個平底鍋，倒入橄欖油，炒香蒜頭碎，再加入作法 2 材料、1 公克百里香葉炒香軟，加入白酒去酸濃縮，加入剩餘 2 公克海鹽及 1 公克粗白胡椒粉調味，熄火。

4   將 2 張烤盤紙交叉疊放，鋪於烤盤上，將醃漬入味的鯛魚肉片置於烤盤紙中間，淋上鄉村甜羅勒番茄醬，再加入作法 3 材料、蛤蠣和 1 公克百里香葉。

5   將烤盤紙兩邊拉起來，開口束成花束狀，用棉繩綁緊，放入烤箱，以上火、下火 180℃ 烤約 20 分鐘至魚肉熟即可取出。

Chef's Tips

紙包的內容物可多種變化，例如：其他魚類或蔬菜類。

必須注意家用烤箱的溫度，烘烤時隨時觀測，視情況調整時間或溫度，若溫度太高，容易造成烤盤紙已上色，而內容物沒熟的情況。

包裹時必須保留蓬鬆有空間，加熱後烤盤紙會膨脹，才能形成蒸烤效果。

義式鄉村燉牛膝甜羅勒番茄醬

份量　4人份

材料

A　切片牛膝 800 公克

B　西洋芹 150 公克、洋蔥 100 公克、紅蘿蔔 150 公克、
小洋芋 100 公克

C　新鮮百里香葉 3 公克、乾燥月桂葉 2 片、
新鮮歐芹葉 5 公克

調味料

A　鄉村甜羅勒番茄醬 300 公克

B　海鹽 2 公克、粗黑胡椒粉 2 公克

C　雞高湯 1500C.C.、
中筋麵粉 100 公克、
乾頭番茄糊 50 公克、
橄欖油 50C.C.、白酒 200C.C.

作法

1　將牛膝浸泡白酒 24 小時入味，取出，均勻撒上調味料 B，沾一層中筋麵粉，再放入平底鍋，以大火煎至兩面
上色備用。

2 西洋芹切大塊；洋蔥、紅蘿蔔去皮後切大塊，備用。

3 將作法 2 材料放入平底鍋炒香軟（拌炒時要加橄欖油
   20C.C.），再加入番茄糊拌炒，淋上白酒去酸，倒入雞
   高湯，放入百里香、月桂葉、煎好的牛膝，倒入鄉村甜
   羅勒番茄醬，蓋上鍋蓋，以中小火燜燉 90 分鐘，至肉
   質軟嫩且入味即可熄火。

4 小洋芋帶皮，放入滾水中，以中火煮約 20 分鐘至熟透，
   取出瀝乾水分，待降溫後切大塊，再放於瓷盤，將作法
   3 食材盛入盤中，淋上適量燉煮醬汁，用歐芹葉裝飾即
   完成。

> Chef's Tips
>
> 牛膝肉質硬且筋多，因此需長時間燉煮。
> 加入白酒醃漬的目的，是使肉質軟化，風
> 味更佳。

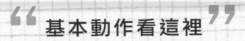

基本動作看這裡

食材與調味料介紹

異國食材、調味料購買處

食材與調味料介紹

雪莉酒

為葡萄釀造，發酵完成後，使用白蘭地進行強化。酒精及糖分含量較高，經過陳年釀製過程，味道層次分明，最適合烹煮、熱炒時適量添加。

» 適合料理

南法鄉村菌菇烘蛋松露奶泡醬。

» 優質挑選

外觀包裝完整，以西班牙出產為佳，並選擇甜度適中較適合料理。

飲酒過量有害健康

巴西蘑菇

一般為乾燥販售，於每年 4 ~ 8 月間為新鮮巴西蘑菇產季，蘊含豐富的高分子多醣體、蛋白質及食物纖維，能提升人體抗癌細胞、調節生理機能、消除疲勞、增強免疫系統功能。巴西蘑菇具有濃郁杏仁味，烹調方式以燉煮、煎烤、燴炒都能呈現其特色。

» 適合料理

煎烤鱸魚搭香芒酸甜莎莎醬。

» 優質挑選

以菇梗雪白、菇體堅硬表示為優質佳品，可保存時間較久。

風乾番茄

在歐洲，番茄盛產季節時，會將多餘的新鮮番茄，透過低溫烘烤製成風乾蕃茄，以利保存，富含有益人體的茄紅素，可增強人體免疫力、預防癌症、延緩衰老、瘦身養顏的功效。風乾番茄製作法為以上火 30℃、下火 30℃低溫風乾 10 小時以上；風乾後的番茄風味更佳，適用於各類料理。

» 適合料理

烤生火腿蘆筍淋松露奶泡醬。

» 優質挑選

選擇色澤鮮紅且熟成的番茄為佳，其所製作完成的風乾番茄，口感會更具層次感。

北非米

北非米（Couscous）是一種北非的小米，由杜蘭小麥製成的米粒，含高密度、高蛋白及高筋性，是製作多種麵食的最佳材料。

》 適合料理

北非米季蔬淋陳年酒醋醬。

》 優質挑選

北非米為進口商品，購買時需特別留意外包裝有無破損、受潮現象及保存期限。

義大利米

市面上最常見的義大利米品種為Arborio，產自義大利西北部倫巴底的山麓地區，其組織紮實，烹調後米粒能保持完整且富彈性口感。是義大利燉飯及米類料理的主要食材，其澱粉質含量比一般米高，故營養價值也較佳，耐燉煮是其特性，不用加奶油就能煮出滑順口感。

》 適合料理

歐陸野菌黃菇醬燉飯、西班牙番紅花醬燉飯。

》 優質挑選

義大利米是以真空包裝狀態販售，購買時必須檢查是否為真空，包裝務必緊實。

桃木屑

桃木的味道較為濃烈，可提升料理的精緻度，充滿桃木的濃郁香氣，常用於冷燻或熱燻過，再利用油煎或碳烤方式完成。本書〈桃木淡燻松阪豬拌墨西哥檸香辣醬〉的松阪豬就是先熱燻再加以料理，充滿桃木的香氣。

》 適合料理

桃木淡燻松阪豬拌墨西哥檸香辣醬。

》 優質挑選

桃木屑為整包封口販售，避免購買有受潮、變色現象的劣質品。

鳥巢寬麵

鳥巢寬麵緣起於義大利北部及中部地區，是將寬扁麵捲成一團，乾燥後有如鳥巢般而命名。其麵條特性為容易吸附醬汁，所以烹調時適合與較濃稠的醬汁搭配。

» 適合料理

鳥巢寬麵燻雞野菌黃菇醬。

» 優質挑選

避免選購麵條斷裂太多或滋生麵蟲的劣質品，以包裝完整為佳挑選。

軟殼蟹

螃蟹成長過程中必須換殼，趁蟹殼未硬化前必須捕捉，並快速、急速冷凍才能維持軟殼最佳狀態。大部分為選擇藍蟹的小蟹烹調，其富含甲殼素、蛋白質、鈣質及蝦紅素等。

» 適合料理

酥炸軟殼蟹佐日式干邑雲丹海膽醬。

» 優質挑選

為冷凍包裝販售，選購時避免失溫、變黑的商品，若有此狀態即代表已不新鮮了。

草蝦

草蝦養殖於東南亞一帶，又名斑節對蝦，市售多為冷凍或新鮮活蝦，肉質鮮甜、細緻彈牙，含鈣、磷、鐵等營養素。

» 適合料理

西班牙番紅花醬燉飯、酥炸海鮮拌墨西哥檸香辣醬、鄉村甜羅勒番茄醬佐薩丁尼亞麵球。

» 優質挑選

冷凍草蝦包裝完整，無失溫、變黑現象；新鮮活體蝦身堅硬，色澤光亮。

白蘭地

白蘭地是以葡萄製成的蒸餾酒，世界各國均有生產白蘭地，尤其以法國干邑及南方雅馬邑所產的為最有名，濃、醇、香是其特色，用以料理可增添食物本身的層次感。

》 適合料理

日式干邑雲丹海膽醬、噶瑪蘭豬佐歐陸野菌黃菇醬、焗烤香料奶油醬。

》 優質挑選

選購外包裝完整無破損為佳，酒類沒有年分的問題，放置陰涼處將愈陳愈香。臺灣公賣局所產的白蘭地，其品質、香氣都非常適合入菜。

清酒

清酒在日本即有廚酒之稱，可當成料理酒來提升美食風味，除了有消除食材腥臭味外，更可將本身米香融入菜餚中。

》 適合料理

日式炸豬排佐和風香柚油醋醬、日式白醬油冷麵醬、抹茶細麵佐日式白醬油冷麵醬、日式炸物特調醬、洋芋海鮮卷佐日式炸物特調醬、居酒屋燒烤醬烤物集錦。

》 優質挑選

以日本產地的清酒為優選，入菜及飲用皆宜，必須避免選購瓶內有沉澱物的商品。

飲酒過量有害健康

白菊醋

屬於日式的純米醋，由日本進口，白菊醋與臺灣白醋之差別，在於白菊醋氣味較清淡且酸度較不強烈。日本料理店製作壽司米飯時經常使用白菊醋，又名壽司醋。

》 適合料理

和風胡麻特調醬、和風胡麻特調醬脆瓜蕎麥麵、天婦羅集錦佐日式炸物特調醬。

》 優質挑選

為日本進口商品，選購時務必注意製造、保存期限及外包裝的完整。內容物清澈無雜質，若有混濁即有可能是置放過久或者空氣進入。

迷迭香

新鮮迷迭香葉為香草植物，其獨特的濃郁香氣，最常使用於去除羊羶味，或撒於肉類表面醃漬後烘烤，可增加食物的風味。料理外的其他功能為，可促進血液循環、減輕肌肉疼痛，並可置於衣櫥消除異味。

» 適合料理

西班牙番紅花醬燉飯、噶瑪蘭豬佐歐陸野菌黃菇醬、歐陸野菌黃菇醬燉飯、香檳油醋醬拌烤牛肉野蔬、嫩煎無骨牛小排佐香料奶油醬、桃木淡燻松阪豬拌墨西哥檸香辣醬。

» 優質挑選

以挑選葉子鮮綠，勿呈黑色狀態為佳，其味道較濃郁。

百里香

百里香葉味道芳香獨特，卻不會掩蓋其他香草或辛香料的香氣，常被切碎混合成普羅旺斯香草，其營養成分含有豐富鐵質，且具有防腐功能。本書〈海鮮焗烤香料奶油醬搭季節時蔬〉即有使用。

» 適合料理

南法鄉村菌菇烘蛋松露奶泡醬、西班牙番紅花醬、烤培根帆立貝淋番紅花醬、香蔥白酒奶油醬、烤鱸魚淋香蔥白酒奶油醬、香蔥白酒奶油醬燉帶骨羊膝、煎烤鱸魚搭香芒酸甜莎莎醬、炙燒帆立貝淋香芒酸甜莎莎醬、海鮮焗烤香料奶油醬搭季節時蔬、歐陸焗烤田螺香料奶油醬、鄉村甜羅勒番茄醬、南法紙包魚佐鄉村甜羅勒番茄醬、義式鄉村燉牛膝甜羅勒番茄醬。

» 優質挑選

葉子細小，碰水易腐爛，挑選葉子鮮綠為佳。自家盆栽植種，取得更為方便。

羅勒葉

原產於印度,香味濃郁刺鼻,味道有點像丁香又稱甜羅勒,而臺灣種的羅勒又稱九層塔,都是義大利料理常用的香草,本書〈義大利羅勒起司番茄陳年酒醋醬〉就是以羅勒葉入菜。

》 適合料理

義大利羅勒起司番茄陳年酒醋醬、焗烤香料奶油醬、鄉村甜羅勒番茄醬、鄉村甜羅勒番茄醬佐薩丁尼亞麵球。

》 優質挑選

新鮮羅勒葉有別於臺灣九層塔,因其葉子較大且薄,碰水易腐爛保存不易,挑選綠色葉子較佳。

歐芹

歐芹味道濃厚,外觀很像香菜,但乾燥的歐芹聞起來沒什麼香氣,因此選用新鮮歐芹入菜較佳,歐芹是維生素O、C、K的極佳來源,甚至富含葉綠素、鈣、鈉、鎂、鐵,並可除口臭幫助消化,書中多道料理如〈烤培根帆立貝淋番紅花醬〉等,都以歐芹入菜。

》 適合料理

南法松露奶泡醬、西班牙番紅花醬燉飯、烤培根帆立貝淋番紅花醬、香蔥白酒奶油醬家常海鮮義麵、香蔥白酒奶油醬燉帶骨羊膝、嘅瑪蘭豬佐歐陸野菌黃菇醬、歐陸野菌黃菇醬燉飯、鳥巢寬麵燻雞野菌黃菇醬、義式烤海鮮拌香檳油醋醬、海鮮焗烤香料奶油醬搭季節時蔬、嫩煎無骨牛小排佐香料奶油醬、桃木淡燻松阪豬拌墨西哥檸香辣醬、義式鄉村燉牛膝甜羅勒番茄醬。

》 優質挑選

歐芹為季節性的香草,一般春、夏為產季,會比較容易取得,挑選時以葉子堅挺、鮮綠為佳。

蝦夷蔥

蝦夷蔥又稱小蔥、細蔥、香蔥，其細長管狀葉為常用的辛香料，蝦夷蔥的用法通常切細狀或以整根擺飾，拌麵、煮湯均可入菜，其營養成分有胡蘿蔔素、鈣質、礦物質、維生素A、C、D，對於頭痛、整腸具有療效，本書〈香蔥白酒奶油醬〉等多道菜色，均以蝦夷蔥入菜料理。

》適合料理

烤生火腿蘆筍淋松露奶泡醬、香蔥白酒奶油醬、香蔥白酒奶油醬家常海鮮義麵、香蔥白酒奶油醬菌菇貝殼麵、煎烤鱸魚搭香芒酸甜莎莎醬。

》優質挑選

蝦夷蔥很細，且叢生整束，易折斷而腐爛，挑選時要以沒洗過水、挺直狀態為佳。

番紅花

番紅花為全世界公認最貴的香料，品質以伊朗的為最好，番紅花是用其花蕊，呈紅色絲狀，烹調時會呈鮮黃色，且有獨特的香味，歐陸、法、義菜常見運用於料理上，番紅花主要成分為苦藏花素，具有醫療效用，如：抑癌、抗氧化、免疫系統調節……等功效，本書〈西班牙番紅花醬〉及多道料理，皆以番紅花入菜。

》適合料理

西班牙番紅花醬。

》優質挑選

番紅花價格昂貴，所以都以小瓶裝販賣，必須注意有無受潮現象。

綠節瓜

節瓜外型很像大黃瓜，屬於南瓜科，肉質柔軟含水份較少，有黃色與綠色兩種，富含葉酸，最適合孕婦、貧血症者食用，在料理運用上常見於義、法菜餚，本書〈香檸油醋醬拌烤牛肉野蔬〉等多道菜，皆以綠節瓜入菜。

》適合料理

香煎大蝦淋西班牙番紅花醬、烤鱸魚淋香蔥白酒奶油醬、北非米季蔬淋陳年酒醋醬、海鮮焗烤香料奶油醬搭季節時蔬、鄉村甜羅勒番茄醬佐薩丁尼亞麵球。

》優質挑選

顏色鮮艷有光澤，節瓜拿在手上有沉重的感覺，品質會較佳。

牛番茄

牛番茄又名陽光番茄，在充足陽光下果實會完全轉換成鮮紅色，果肉營養甜美，富含番茄紅素，具抗氧化效果，本書〈香蔥白酒奶油醬菌菇貝殼麵〉及多道料理，都運用了牛番茄入菜。

》適合料理

西班牙番紅花醬燉飯、香蔥白酒奶油醬菌菇貝殼麵、北非米季蔬淋陳年酒醋醬、鳥巢寬條燻雞野菌黃菇醬、義式烤海鮮拌香檳油醋醬、香檳油醋醬拌烤牛肉野蔬、鄉村甜羅勒番茄醬。

》優質挑選

料理用的牛番茄，以鮮紅熟成且重量沉重，品質較好。

小紅番茄

溫室栽種的小紅番茄甜度夠、皮薄多汁，並含對人體有益的番茄紅素，提供類多酚保健成分，義大利菜最善用番茄入菜，本書〈義大利羅勒番茄陳年酒醋醬〉及多道料理，都充分選用健康的小紅番茄入菜。

》適合料理

廣泛使用於各種料理，可入菜也可作為配菜。

》優質挑選

建議挑選盒裝有機小紅番茄，品質較有保障且甜度較高。

小黃番茄

小黃番茄被譽為瘦身減肥專用番茄，除了顏色鮮黃，主要是果皮薄、水份多、甜度高，但熱量比紅番茄更低，纖維質也更多，用以料理可增添不少繽紛顏色，本書〈南法鄉村菌菇烘蛋松露奶泡醬〉及多道料理，都加入小黃番茄。

》適合料理

泰式酸辣魚露醬淋燻雞青木瓜沙拉、泰式酥炸雞肉紅咖哩香茅醬、南法鄉村菌菇烘蛋松露奶泡醬、田園有機沙拉淋香檳油醋醬、海鮮焗烤香料奶油醬搭季節時蔬、嫩煎無骨牛小排佐香料奶油醬、桃木淡燻松阪豬拌墨西哥檸香辣醬、南法紙包魚佐鄉村甜羅勒番茄醬。

》優質挑選

小黃番茄挑選顏色鮮黃熟成，手秤感覺有重量的代表多汁、甜度也高。

黃檸檬

黃檸檬產於美國、澳洲，比起一般綠色萊姆更多汁且更有檸檬香，整顆都可作為料理食用，更含豐富的維生素 C，維生素 B_1、B_2、B_6、鈣、鎂、鉀……等多種營養素，本書〈墨西哥檸香辣雞翅〉就運用了黃檸檬入菜。

» 適合料理

烤鱸魚淋香蔥白酒奶油醬、義式烤海鮮拌香檳油醋醬、香檳油醋醬拌烤牛肉野蔬、墨西哥檸香辣雞翅、酥炸海鮮拌墨西哥檸香辣醬、桃木淡燻松阪豬拌墨西哥檸香辣醬。

» 優質挑選

黃檸檬為進口水果，挑選時需顏色鮮黃，手拿有沉重感代表汁液較多。

五色蘿蔔

五色紅蘿蔔在臺灣西螺栽種有成，且於市場上販售，顏色繽紛用在料理上增添不少食慾感，富含胡蘿蔔素、維生素、鈣、磷、鐵……等營養素，又有小人參之稱，本書〈香蔥白酒奶油醬燉帶骨羊膝〉加入五色蘿蔔，添色不少。

» 適合料理

皆可搭配肉類、海鮮當配菜做料理。

» 優質挑選

五色蘿蔔挑選時，除了各種顏色需鮮明，最主要是按壓蘿蔔時要堅硬、扎實為佳。

白精靈菇

白精靈菇外表雪白，原產俄羅斯與中國交界，需低溫於 10℃ 才能生長，近年引進臺灣栽培成功，因含有豐富榆菇多醣、胺基酸、維生素 B 群、葉酸……等好多營養素。本書〈香煎海大蝦淋西班牙番紅花醬〉就以白精靈菇入菜。

» 適合料理

香煎大蝦淋西班牙番紅花醬。

» 優質挑選

白精靈菇挑選時須注意顏色雪白，有無受潮變色，且菇梗筆直、無折斷為最佳。

松露

松露是一種蕈類，本身有種特殊香氣，與魚子醬、鵝肝並列世界三大珍饈，區分為法國產的黑松露及義大利產的白松露，營養成分包含蛋白質、18 種胺基酸、不飽和脂肪酸及微量元素……等，具有極高營養保健價值，本書〈南法松露奶泡醬汁〉附的三道料理，都以松露入菜。

» 適合料理

南法松露奶泡醬、烤生火腿蘆筍淋松露奶泡醬、南法鄉村菌菇烘蛋松露奶泡醬。

» 優質挑選

一般消費者很難買到新鮮松露，因產量少、價格高，建議購買玻璃瓶真空裝的松露入菜即可。

松露油

松露油是將新鮮松露浸泡於頂級初榨橄欖油內，使其味道溶於油品中，保留松露的香氣，在烹調上，熱食、冷食、甜品只要滴上一些就有滿滿松露香氣，本書〈南法松露奶泡醬汁〉所附料理都運用了松露油，增添菜餚美味。

» 適合料理

南法松露奶泡醬、烤生火腿蘆筍淋松露奶泡醬、南法鄉村菌菇烘蛋松露奶泡醬。

» 優質挑選

松露油為進口油品，選擇專業松露油品牌製造商很重要，如：義大利 Urbani 松露油為佳，當然要特別注意保存期限。

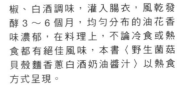

義大利臘腸

義大利臘腸以豬、牛絞肉加上大蒜、胡椒、白酒調味，灌入腸衣，風乾發酵 3 ～ 6 個月，均勻分布的油花香味濃郁，在料理上，不論冷食或熱食都有絕佳風味，本書〈野生菌菇貝殼麵香蔥白酒奶油醬汁〉以熱食方式呈現。

» 適合料理

香蔥白酒奶油醬菌菇貝殼麵、田園有機沙拉淋香檳油醋醬。

» 優質挑選

義大利臘腸為進口商品，多以切片真空包裝販售，須注意賞味期限及真空包裝完整即可。

帕瑪生火腿

帕瑪生火腿是全世界最著名的生火腿，產於義大利的帕瑪省，選用150公斤重的豬隻腿部去骨製成，風乾味道濃郁、口感細緻，義式料理中「蜜瓜生火腿」表現出其味道而著名，本書〈烤生火腿蘆筍淋松露奶泡醬〉就是絕佳的搭配。

» 適合料理

烤生火腿蘆筍淋松露奶泡醬、鄉村甜羅勒番茄醬佐薩丁尼亞麵球。

» 優質挑選

市售帕瑪生火腿很多都是美國的產品，看清楚產地為義大利，才能買到品質最佳的帕瑪生火腿。

瑪芝瑞拉起司

新鮮瑪芝瑞拉起司外觀一般呈現長方塊狀，義大利菜常用的料理乳酪，是用水牛新鮮牛乳製成，味道口感濃郁細緻，並含豐富蛋白質及鈣、磷等人體所需營養素，本書〈義式酥炸乳酪餅搭香芒酸甜莎莎醬〉詳細呈現經典的義大利菜料理。

» 適合料理

義式酥炸乳酪餅搭香芒酸甜莎莎醬。

» 優質挑選

新鮮瑪芝瑞拉起司有別於一般起司，首重於賞味期限及包裝是否真空緊實，且挑選產於義大利的瑪芝瑞拉起司品質較佳。

瑪芝瑞拉起司球

真正的馬芝瑞拉乳酪是用水牛牛奶製成，口感質地軟嫩，觸摸有彈性，風味是一般牛乳製成的產品所無法比擬，做成球狀體更討喜，也較容易入菜，乳酪含有豐富蛋白質、脂肪、維生素A、鈣及磷，對人體健康相當有益處，本書〈義大利羅勒起士番茄陳年酒醋醬〉即是以球狀馬芝瑞拉起司入菜。

» 適合料理

義大利羅勒起士番茄陳年酒醋醬。

» 優質挑選

屬於進口商品，且都真空或桶裝販售，要注意包裝完整及製造、保存期限。

乾黃菇

黃菇產於歐、美洲及喜馬拉雅山區，需要高緯度或高海拔才能生長，因此乾燥黃菇有著濃郁的堅果香，並帶有淡淡水果香、高雅的滋味，在料理中常用鮮奶油帶出其風味，所含之蛋白質及各種營養素，可增強人體免疫功能，本書〈歐陸野菌黃菇醬〉及多道料理，均有介紹乾黃菇入菜的技巧。

»» 適合料理

歐陸野菌黃菇醬。

»» 優質挑選

乾燥黃菇會以真空桶裝販售，外包裝密合度及有無受潮會直接影響品質，也是挑選重點。

虎斑蝦

虎斑蝦為價格相對高的蝦種，在日本稱之為車海老或日本對蝦。其肉質彈牙、鮮甜，一般蝦類所無法比美，也是歐、法料理常用的高貴食材。含有豐富蛋白質、脂肪、醣類、維生素及礦物質……等多種營養，是一種高蛋白、低脂肪的優質海鮮，本書〈香煎野生海大蝦淋西班番紅花醬〉即是使用虎斑蝦作為主食材。

»» 適合料理

洋芋海鮮卷佐日式炸物特調醬、香煎大蝦淋西班牙番紅花醬、海鮮焗烤香料奶油醬搭季節時蔬。

»» 優質挑選

海鮮挑選時，能有活體最好，一般的虎斑蝦都以冷凍販售，須注意有無蝦頭變色現象或蝦殼本身無光澤度，即代表不新鮮。

波特菇

產於巴西的波特菇直徑可達 6 公分，為人工栽種最大的菇類，擁有多肉的菌傘及菌褶，多汁鮮甜，適合烤、炸、炒等料理，其營養成分含多醣體、蛋白質、必需胺基酸……等數種元素，本書〈南法鄉村菌菇烘蛋松露奶泡醬〉的菇類即是波特菇。

»» 適合料理

南法鄉村菌菇烘蛋松露奶泡醬、鳥巢寬麵燻雞野菌黃菇醬。

»» 優質挑選

波特菇目前臺灣並無栽種，都是進口，挑選色澤米白色，菌傘部位呈現同顏色，且菇體本身無碰撞受傷為佳。

冷凍牛肝菌菇

牛肝菌菇生長於林間空地上，主產於北半球溫帶地區，因菇體肥大類似牛肝而命名，常以新鮮或乾燥販售，料理運用上則以燉湯、醬汁為主要料理方式，牛肝菌菇含有人體必需 8 種胺基酸及多種生物鹼，本書〈北非米季蔬淋陳年酒醋醬〉放的菇類就是爐烤新鮮牛肝菌菇。

» 適合料理
南法鄉村菇菇烘蛋松露奶泡醬、北非米季蔬淋陳年酒醋醬。

» 優質挑選
冷凍牛肝菌菇挑選較大顆，菌肉肥大且整株完整為佳。

美國蘆筍

美國蘆筍身形粗壯、口感軟嫩，彷彿水梨般多汁是其特色，在料理上會以汆燙、爐炒或碳烤方式表現出美國蘆筍細緻多汁的好滋味，營養豐富包含蛋白質、胡蘿蔔、葉酸、膳食纖維……等 10 多種有益人體及抗癌的好蔬菜，本書〈烤培根帆立貝淋番紅花醬〉就以美國蘆筍搭配鮮美的干貝料理呈現。

» 適合料理
烤培根帆立貝淋番紅花醬、海鮮焗烤香料奶油醬搭季節時蔬。

» 優質挑選
挑選筆直鮮綠、筍徑較粗且結實，表面光滑為最佳。

小洋芋

美國進口的小洋芋有多種討喜的顏色，料理運用上會以蒸、烤、炸、炒來表現，因澱粉質含量高，適合作為主食，含有豐富的鈣、磷、硫胺酸、鐵、核黃素……等，是抗衰老的最佳食物，本書〈義式鄉村燉牛膝羅勒番茄醬〉以小洋芋為配菜。

» 適合料理
嫩煎無骨牛小排佐香料奶油醬、義式鄉村燉牛膝甜羅勒番茄醬。

» 優質挑選
挑選小洋芋須用手按壓，要硬實、表皮無破損且形狀最好為橢圓形為佳。

酸豆

酸豆又名續隨子，產於地中海一代，通常果實是以醋、鹽、酒醃製而成，義大利菜、地中海菜常用酸豆來調製醬汁，其特色是酸中帶一點苦澀味，營養成分包含苦味的配糖體等，具有刺激、滋補、利尿功能，本書〈義式烤海鮮拌香檳油醋醬〉加入酸豆提升風味。

》適合料理

義式烤海鮮拌香檳油醋醬。

》優質挑選

酸豆為進口玻璃瓶真空包裝，只要注意保存期限即可，因為酸豆不容易變質壞掉。

玉桂棒（肉桂棒）

玉桂又稱肉桂可做香料，與產於斯里蘭卡的桂皮相似，口感較辣，運用於料理上味道香濃帶有甜味與辛辣味，通常烘焙、甜點、熱飲或醃料、醬汁都見其料理添加，本書〈炙燒北海道帆立貝搭香芒酸甜莎莎醬〉的漬蘋果，就加入了玉桂棒。

》適合料理

炙燒北海道帆立貝搭香芒酸甜莎莎醬。

》優質挑選

玉桂棒為乾燥之香料，挑選時須注意味道需香濃，帶一點辛辣味。

綠捲鬚生菜

綠捲鬚生菜產於地中海一帶，口感柔軟，外觀呈綠、黃鬚捲狀，富含β胡蘿蔔素、維生素 B₁ 及維生素C，帶一點苦味，目的在增加生菜沙拉色彩，本書〈田園有機沙拉淋香檳油醋〉使用的多種生菜之一。

》適合料理

義式烤海鮮拌香檳油醋醬、田園有機沙拉淋香檳油醋醬、嫩煎無骨牛小排佐香料奶油醬、酥炸海鮮拌墨西哥椒香辣醬。

》優質挑選

生菜挑選首重外觀，需無腐爛或失溫（葉子會垂下）現象，選擇顏色鮮明、葉子堅挺為佳。

紅圓生菜

紅圓生菜是歐洲引進的特色蔬菜品種，色呈鮮紅色，葉片圓而寬，又稱結球萵苣，含有維生素A、C、E、鉀、鐵、食物纖維……等多種營養，用來增添沙拉色彩，本書〈田園有機沙拉淋香檳油醋汁〉運用了多種生菜，紅圓生菜是其一。

》 適合料理

田園有機沙拉淋香檳油醋醬、墨西哥檸香辣雞翅。

》 優質挑選

紅圓生菜挑選時要選鮮紅色，且呈圓形結球狀為佳，有時受陽光照射不均，顏色呈現就不至於那麼鮮紅，品質較不佳。

紅捲鬚生菜

紅捲鬚生菜為一種很漂亮的生菜，葉面捲曲、色呈暗紅色，綻放時有如一朵花，口感軟嫩、細緻，富含維生素C、B₁……等多種營養素，本書〈田園有機沙拉淋香檳油醋醬〉加入紅捲鬚生菜，增添沙拉的顏色。

》 適合料理

和風香柚油醋醬野蔬沙拉、章魚拌韓式泡菜特調醬、義式烤海鮮拌香檳油醋醬、田園有機沙拉淋香檳油醋醬、酥炸海鮮拌墨西哥檸香辣醬。

》 優質挑選

紅捲鬚生菜是一種不容易保存的生菜，購買時要挑選顏色豔麗、葉面堅挺、無腐爛的品質最佳。

蘿蔓生菜

蘿蔓生菜又名長葉萵苣，是經典名菜凱薩沙拉的主要食材，富含 β 胡蘿蔔素及多種維生素，吃起來爽脆可口多汁，為生菜沙拉不可或缺的主角，本書〈墨西哥檸香辣雞翅〉就是搭配蘿蔓生菜，幫助解油膩。

》 適合料理

酥炸軟殼蟹佐干邑雲丹醬、和風香柚油醋醬野蔬沙拉、章魚拌韓式泡菜特調醬、義式烤海鮮拌香檳油醋醬、香檳油醋醬拌烤牛肉野蔬、墨西哥檸香辣雞翅。

》 優質挑選

蘿蔓生菜生長於冬季時品質較好，夏季購買時須注意內外的葉子有無曬傷變褐色，會影響耗損。

日本青紫蘇葉

日本青紫蘇又稱大葉，葉子及花都可作為蔬菜食用。日本料理常用來裝飾或炸天婦羅食用，豐富的礦物質、維生素具抗炎療效，葉子香氣特殊且具有殺菌及保鮮，種子並能提煉有益人體健康的紫蘇油，本書〈日式炸豬排佐和風香柚油醋醬〉就有加入大葉增添美味。

›› 適合料理

酥炸軟殼蟹佐干邑雲丹醬、日式炸豬排佐和風香柚油醋醬、漬物拌和風香柚油醋醬、天婦羅集錦佐日式炸物特調醬。

›› 優質挑選

大葉為日本進口食材，價格不便宜，因葉子薄，需選青綠色且葉子無破損或腐爛為佳。

茗荷

茗荷又名蘘荷，味芳香微甘，其花部分具有特殊香氣、顏色、辣味，可涼拌或炒食，富含蛋白質、脂肪、纖維及多種維生素，本書〈酥炸軟殼蟹佐日式干邑雲丹海膽醬〉以此入菜。

›› 適合料理

酥炸軟殼蟹佐日式干邑雲丹海膽醬。

›› 優質挑選

茗荷應挑選顏色艷麗、花朵堅挺、富含水分且外包裝完整品質較佳。

香茅、香茅粉

香茅有檸檬香氣又稱檸檬草，新鮮或乾燥粉狀都具有香氣，料理上新鮮的香茅使用嫩莖稈部位，在印度、東南亞國家香茅為居家必備的原料，本書中〈泰式紅咖哩香茅醬〉及多道料理，都以香茅入菜。

›› 適合料理

泰式紅咖哩香茅醬。

›› 優質挑選

香茅一般為新鮮真空包裝，挑選時只需注意有無腐爛即可，而乾燥粉狀的香茅則需注意保存期限，因香氣會淡掉。

上新粉

上新粉是將梗米洗淨乾燥後所磨成的粉末，是特級高品質，製作米粉團專用，在日本又稱梗米粉，更是日本和果子的基本粉末，若購買不到可用蓬萊米粉做替代，本書〈天婦羅集錦佐日式炸物特調醬〉即是以上新粉調製麵糊。

» 適合料理

酥炸軟殼蟹佐干邑雲丹醬、天婦羅集錦佐日式炸物特調醬。

» 優質挑選

建議挑選日本原裝進口，外包裝完整且注意保存期限。

七味粉

七味粉成分含紅辣椒、黑芝麻、白芝麻、桔皮、羅勒、花椒……等又稱七味唐辛子，是日本料理常用調味香料，如：蕎麥麵、丼飯、燒烤、炸物……等，具香氣及微辣口味，本書中日式干邑雲丹襯手作蟹肉餅、和風香柚油醋醬，都有添加。

» 適合料理

日式干邑雲丹醬佐蟹肉餅、和風香柚油醋醬。

» 優質挑選

通常為玻璃密封瓶裝，需看有無受潮現象及保存期限。

魚露

魚露又稱味露，是南洋料理中極為重要的調味料，主要是魚類蛋白質的水解產品，以胺基酸為主要混合物，聞起來魚腥味很重，但淺嘗後滋味清爽可口，本書中泰式紅咖哩香茅醬、泰式酸辣魚露醬、韓式泡菜特調醬……等多道料理，均用魚露調味。

» 適合料理

泰式酸辣魚露醬、泰式紅咖哩香茅醬。

» 優質挑選

泰國進口魚露魚腥味較重，臺灣生產魚露味道較佳，而注意賞味期是挑選重點。

蝦醬

香味濃郁常用作醃料、蒸、炒增加美味，但不建議直接食用會太鹹，南洋料理中多用乾蝦醬，乾蝦醬會比濕蝦醬較無腥味，本書中〈韓式泡菜特調醬〉運用了蝦醬的添加，變化出多道理。

>> 適合料理
韓式泡菜特調醬。

>> 優質挑選
進口的蝦醬腥味較重，但味道較道地，而臺灣製成的蝦醬較無腥味，適合國人口味，挑選時要看清楚保存日期為最重要。

黃薑粉

別名薑黃又名鬱金香料，為黃咖哩的主要配料，特殊的香氣有如木質味道，還有淡淡花香與柑橘味道，有「印度番紅花」的美譽，本書中〈檸香沙嗲燒烤醬〉等多道料理，均有添加。

>> 適合料理
檸香沙嗲燒烤醬。

>> 優質挑選
建議購買小瓶裝，看清保存期限，外觀包裝完整為佳。

沙薑粉

以沙薑（又名山奈）研磨而成，色微黃、帶有濃郁香氣可增加鮮味，常用在醃料，在西藏更可作為驅蟲之天然食品，本書中〈檸香沙嗲燒烤醬〉等多道料理，都加入了沙薑粉醃漬肉品。

>> 適合料理
檸香沙嗲燒烤醬。

>> 優質挑選
粉狀物品挑選時，應注意有無受潮、變質現象。

紅咖哩醬

紅咖哩醬主要材料為紅辣椒、蒜、香茅、蔥、南薑、蝦膏、香料……等，色紅、風味辣、嗆，運用在泰式料理上，搭配其他醬料使用很受歡迎，本書中〈泰式紅咖哩香茅醬〉等多道料理都運用了。

»» 適合料理
泰式紅咖哩香茅醬。

»» 優質挑選
為泰國進口食品，須注意包裝完整及保存期限。

米皮

米皮是以大米粉為原料，調成粉狀、平鋪蒸熟而成，像麵皮一樣，使用時用刷子刷上一些冷開水，待軟化即可包入內餡捲起食用，因為米皮薄如紙又稱米紙，本書中〈烤雞肉米皮淋日式干邑雲丹海膽醬〉就以米皮包裹食材的料理方式呈現。

»» 適合料理
烤雞肉米皮淋日式干邑雲丹海膽醬。

»» 優質挑選
屬越南進口商品，首重外包裝是否完整、保存期限、無受潮現象。

寬粉

寬粉即是所謂的粉絲（冬粉），只是製作面積的大小不同，其原料為綠豆粉，成分營養價值高，且料理時容易吸收湯汁，使醬汁融入食材更有味道，本書中〈季節時蔬寬粉拌韓式泡菜特調醬〉就以臺灣產的寬粉為食材。

»» 適合料理
季節時蔬寬粉拌韓式泡菜特調醬。

»» 優質挑選
挑選外包裝完整，且留意保存期限，寬粉有無碎掉或撕裂太多都會影響口感。

味醂

味醂中富含的甘甜及酒香味能去除食物腥味，在日本料理中常見味醂調味入菜，尤其是日式燒烤醬，獨特的甘甜更能襯出食材的原味，本書中的〈日式白醬油冷麵醬〉、〈天婦羅集錦佐日式炸物特調醬〉，都有添加味醂調味。

≫ 適合料理
和風胡麻特調醬、和風香柚油醋醬、韓式泡菜特調醬。

≫ 優質挑選
味醂以玻璃瓶裝販售，清澈淡琥珀色，須注意無懸浮物及保存期限。

韓式碎辣椒粉、韓式碎辣椒醬

一般分為粗跟細兩種辣椒粉，也是綜合性的香料，香味濃郁、略帶甜味，因產地冷熱溫差大，因此辣椒顏色紅潤，料理上常用於醃漬韓式泡菜或做涼拌菜色，本書〈韓式泡菜特調醬〉就有加入，以提升食物風味。

≫ 適合料理
韓式泡菜特調醬。

≫ 優質挑選
粉狀辣椒粉應挑選色澤紅、聞起來香氣十足，且注意有無受潮現象，並以運用料理方式選擇粗、細粉狀或辣椒醬類。

侯柱醬

醬香濃郁、鮮甜甘滑、餘味綿長、鹹淡適口是其特色，料理運用上烹製「侯柱食品」及魚肉菜色，本書〈檸香沙嗲燒烤醬〉就以侯柱醬入菜。

≫ 適合料理
檸香沙嗲燒烤醬。

≫ 優質挑選
商品為日本進口，外包裝完整、保存期限及製造日期須看清楚。

濃口醬油

就是市面上常見的一般醬油，主要以大豆和小麥釀造而成，味道香氣濃郁，適用一般烹調或沾料，本書〈日式炸物特調醬〉即加入了濃口醬油提升食材風味。

» 適合料理

日式炸物特調醬。

» 優質挑選

濃口醬油建議挑選日本原裝進口會比較甘醇，口味也較道地，賞味期及瓶身封口完整是重點。

薄口醬油

薄口醬油色如琥珀、鹹度較淡適中、清爽回甘，是強調養生的好沾醬，常用於日式料理和醬汁調味居多，本書〈和風胡麻特調醬〉增添了薄口醬油帶出食材本身的甜味。

» 適合料理

和風胡麻特調醬、和風胡麻特調醬脆瓜蕎麥麵、烤雞肉米皮淋日式干邑雲丹海膽醬。

» 優質挑選

日本進口的薄口醬油味道純正香濃，更有多種口味可做挑選，瓶蓋封口及賞味期限須注意。

白醬油

主要以小麥釀成，色澤與香味皆清新淡雅，常用於想調味而不著色的料理上，本書〈日式白醬油冷麵醬〉加入白醬油提味。

» 適合料理

日式白醬油冷麵醬。

» 優質挑選

白醬油都是日本進口商品，認清製造日期與賞味期限是挑選重點。

是拉差醬

主要成分為小尖椒、糖、醋、大蒜、鹽……等，味道很酸、很辣且蒜香濃郁，是泰國最經典辣椒醬，也是泰、越料理中不可缺少的調味料，本書〈泰式酸辣魚露醬〉以拌入是拉差醬提味。

»» 適合料理
泰式酸辣魚露醬。

»» 優質挑選
是拉差醬為東南亞進口商品，透明瓶裝，挑選時要注意內容物色澤紅為佳，製造日期及賞味期也是重點。

椰漿

椰漿是東南亞國家重要的食品調味料，色白且有著濃郁的香氣是來自於高椰油量與高椰糖分，在馬來西亞、印度稱椰漿為「參丹」，在菲律賓稱為「咖塔」，在本書中，〈泰式紅咖哩香茅醬〉、〈檸香沙嗲燒烤醬〉調入椰漿，增加濃濃的椰香味。

»» 適合料理
泰式紅咖哩香茅醬。

»» 優質挑選
椰漿為鋁、鐵質罐裝呈液體狀，挑選時搖一搖，不是固態狀品質較佳，保存期限也是重點。

異國食材、調味料購買處

【美、墨、日式】

益和商店
臺北市士林區中山北路七段 39 號
(02)2871-4828

海森食品行
臺北市松山區興安街 174 巷 8 號
(02)2546-5707

巴西里食品行
臺北市士林區中山北路六段 756 號
(02)2873-2444

東遠國際公司
臺北市中正區汀洲路二段 201 巷 3
號 2 樓
(02)2365-0633

元寶實業公司
臺北市內湖區環山路二段 133 號 2
樓
(02)2658-8991

艾佳食品有限公司
桃園縣中壢區黃興街 111 號
(03)468-4558

馬可蘭多食品公司
新竹市中央路 317 號
(035)330-251

榮合坊
臺中市博館東街 10 巷 9 號
(04)3800-767

松利食品行
臺南市南區福吉路 3 號
(06)228-6256

東海食品行
高雄市鹽埕區大公路 49 號
(07)551-2828

旺來昌食品原料行
高雄市前鎮區公正路 181 號
(07)713-5345

新鈺成商行
高雄市康和路 61 號
(07)811-4029

聯馥實業有限公司
臺中市西屯區環中路二段 696-7 號
(04)2451-8822

榮合（宏偉）食品有限公司
臺中市西屯區工業三十三路 16 號
之 2
(04)2359-5328

華源食品行
桃園市中正三街 38 號
(03)332-0178

【日式、韓式】

W.T.O 日式冷凍食材專賣店
臺北市士林區中山北路 7 段 114 巷
7 號 1 樓
(02)2876-5902

臺北濱江日、韓式食材專賣店
臺北市內湖區行愛路 140 巷 27 號
1 樓
(02)8792-0070

山武日式珍品
臺中市向上路一段 396 號
(04)2320-5335

古門川海行
臺中市中美街 431 號

(04)2326-9162

東方之花企業有限公司
臺北市迪化街一段 264 號
(02)2553-4819

豐年日式食材行
高雄市青年一路 163-8 號
(07)333-6319

信隆行日式、韓式食材行
高雄市河南二路 182 號
(07)231-3678

好食鮮食材專賣店
臺南市佳里區新生路 409 號
(06)723-7006

韓聯企業有限公司
臺北市萬華區西寧路 82 巷 8 號
(02)2331-5056

新竹風城購物中心
（韓國食品專賣店）
新竹市中央路 233 號

(03)5155-2521

金玉韓國食品專賣店
新北市永和區中興街 33 號
(02)2921-6663

松利食品行
臺南市福吉路 3 號
(06)228-6256

鮮霸天國際企業行
新北市五股區成泰路三段 221 巷
36 號
(02)2292-3658

福上行
臺中市西屯區長安路二段 153 號
(04)2299-0296

丸文商號
臺中市中區綠川西街 188 巷 5 號
(04)2227-5552

【綜合地區】

玉記商行
臺東市漢陽北路 30 號
(089)326-505

鴻利漁產
新北市萬里區野柳村港西路
55-1 號
(02)2492-8373

京原
臺北市北投區承德路七段 401 巷
971 號
(02)2893-2792

河洛
臺北市中山區林森北路 614 號 2 樓
(02)2591-7807

永誠行
臺中市民生路 147 號
(04)2224-9992

利生食品有限公司
臺中市西屯路二段 28-3 號
(04)2312-4339

總信食品原料行
臺中市復興路三段 109-4 號
(04)2220-2917

名昇海產
高雄市前鎮區新都路 26 號
(07)812-3101

佳里海產
高雄市前鎮區佛道路 195 號
(07)822-1812

合丰水產
臺南市北區大興街 507 號 1 樓
(06)263-0521

詩朋有機生菜農場
臺北市陽明山菁山里 9 號
(02)2861-6511

101 購物商城
臺北市中山區長春路 100 號 7 樓
之 13
(02)2523-4008

晏廷歐亞農場
南投縣埔里鎮牛眠里守城路 35 號
(049)290-2206

勝農有機農場
高雄市彌陀區中華路 9 號
(07)619-5252

巨農有機農場
臺南市仁德區仁愛里大同路三段
888-1 號
(06)266-6823

【東南亞】

永旭食品（泰式）
新北市中和區興南路一段 103 號
1 樓
(02)2294-6415

泰友便利超商
新北市新莊區化成路 620 號
(無電話)

越南食品專賣店
臺北市文山區指南路一段 6 號
(02)2939-8450

東南亞食品店
臺北市文山區木新路三段 310 巷
6 弄 4-1 號
(02)2938-6698

泰國食材專賣店
蔡先生 0987380637

綠蘋果國際有限公司
（東南亞食材、原料）
新北市新店區寶慶街 58 巷 3 弄
2 號 1 樓
(02)2948-7676

泰緬食材專賣店
新北市中和區華新街 30 巷 4 號
(02)2944-3000

延發有限公司（泰、越食材）
桃園縣平鎮市關爺北路 100 號
(03)457-3000

Pc home 線上購物
臺北市大安區敦化南路二段 105 號
12 樓
(02)2326-1460

延發泰、越食材商行
臺中市順和三街 42 號
(04)2350-2303

十代行食品商行
高雄市懷安街 30 號
(07)381-3275

家全泰、越食品行
高雄市前鎮區鎮華街 87 號
(07)822-8265

佛統企業食品公司
新北市中和區興南路二段 34 巷
9 號
(02)2942-7052

福美珍食品原料行
嘉義市西榮街 135 號
(05)222-4824

新瑞益食品原料行
雲林縣斗六市西平路 137 號
(05)534-2450

M046	Home Brunch： 享受女王般的早午餐	DEAN 等 13 位主廚　著	定價 300 元
M045	異國風素食料理	蘇鼎雅　著	定價 300 元
M041	水果創意料理	劉邦傳　著	定價 300 元
M040	新流和風料理	進藤顯司　著	定價 300 元
M035	台灣小吃料理王（中英對照版）	張國榮・曾文燦　著	定價 300 元
M034	廚神媽媽私房菜（中英對照版）	施胡玉霞・施建發　著	定價 300 元
M033	何麗玲之春天饗宴	何麗玲・林建龍　著	定價 300 元
M032	玩麵糰做點心	廖敏雲　著	定價 300 元
M031	小朋友蔬果大餐	楊碧芬　著	定價 350 元
M029	泰國料理	郭興忠　著	定價 300 元
M028	銀髮族養生素	劉富子　著	定價 350 元
M025	湯的家常百味	二魚文化編輯部　著	定價 300 元
M024	阿鴻的美麗人蔘	陳鴻　著	定價 320 元

訂購方式

郵撥帳號：**19625599**　　戶　名：二魚文化事業有限公司
4 本以下 9 折，5 ～ 9 本 85 折，10 本以上 8 折（購書金額若未滿 500 元，需加收郵資 50 元）

醬汁，料理的靈魂。 Sauce

二魚文化　魔法廚房　M062

醬醬好——魅力異國醬料

作　　者	吳文智、趙家緯	出 版 者	二魚文化事業有限公司
攝　　影	周禎和	發 行 人	葉　珊
責任編輯	廖桂寧	地　　址	106 臺北市大安區和平東路一段 121 號 3 樓之 2
編輯協力	林芳美	網　　址	www.2-fishes.com
美術設計	費得貞	電　　話	(02)23515288
繪　　圖	費得貞	傳　　真	(02)23518061
行銷企劃	溫若涵	郵政劃撥帳號	19625599
讀者服務	詹淑真	劃撥戶名	二魚文化事業有限公司
		法律顧問	林鈺雄律師事務所

國家圖書館出版品預行編目 (CIP) 資料

醬醬好：魅力異國醬料 / 吳文智, 趙家緯合著
初版 . -- 臺北市 : 二魚文化, 2015.01
208 面 ; 19X12.6 公分 . -- (魔法廚房 ; M062)
ISBN 978-986-5813-34-5(平裝)

1. 調味品 2. 食譜

427.61　　　　　　　　　　103010095

總 經 銷　大和書報圖書股份有限公司
電　　話　(02)89902588
傳　　真　(02)22901658

製版印刷　通南彩色印刷有限公司
初版一刷　2015 年 1 月
I SBN　　978-986-5813-34-5
定　　價　320 元

一漁文化